2024

京津冀科技统计年鉴

河北省科学技术情报研究院
北京市科学技术研究院 编著
天津市科学技术发展战略研究院

科学技术文献出版社
SCIENTIFIC AND TECHNICAL DOCUMENTATION PRESS

·北京·

图书在版编目（CIP）数据

2024京津冀科技统计年鉴 / 河北省科学技术情报研究院, 北京市科学技术研究院, 天津市科学技术发展战略研究院编著. -- 北京：科学技术文献出版社, 2025.8.
ISBN 978-7-5235-2784-9

Ⅰ.G322.72-54

中国国家版本馆CIP数据核字第20251KE043号

2024京津冀科技统计年鉴

策划编辑：宋　贺　　责任编辑：李　鑫　　责任校对：宋红梅　　责任出版：张志平

出　版　者	科学技术文献出版社
地　　　址	北京市复兴路15号　邮编 100038
出　版　部	（010）58882941，58882087（传真）
发　行　部	（010）58882868，58882870（传真）
邮　购　部	（010）58882873
官　方　网　址	www.stdp.com.cn
发　行　者	科学技术文献出版社发行　全国各地新华书店经销
印　刷　者	北京厚诚则铭印刷科技有限公司
版　　　次	2025年8月第1版　2025年8月第1次印刷
开　　　本	889×1194　1/16
字　　　数	206千
印　　　张	9.5
书　　　号	ISBN 978-7-5235-2784-9
定　　　价	36.00元

版权所有　违法必究

购买本社图书，凡字迹不清、缺页、倒页、脱页者，本社发行部负责调换

《2024 京津冀科技统计年鉴》编委会成员

主　　编：王　红　聂永川　张振伟　王华峰

执行主编：孟　媛　张会忠　王江平

编　　委：刘　淼　陈　娟　张　聪　高　原　庞立艳
　　　　　李冬梅　黄　露　陶晓丽　姚常乐　张志昌
　　　　　谭　悦　弓雯瑞　邱维臣　李世冉　谢雨杉
　　　　　侯丽珠　冯　璟

编者说明

一、《2024京津冀科技统计年鉴》（简称《年鉴》）由河北省科学技术情报研究院、北京市科学技术研究院和天津市科学技术发展战略研究院联合编辑制作完成。《年鉴》主要反映了京津冀的科技活动情况，收录了2019—2023年三地相关科技统计数据。

二、《年鉴》正文分为16个部分。第一部分为京津冀科技活动综合统计资料，数据来源于《中国统计年鉴》、《中国科技统计年鉴》和三地相关统计资料；第二至第五部分分别为财政、科学研究和技术服务业事业单位、工业企业、高等学校科技活动统计资料，数据来源于《中国统计年鉴》、《中国科技统计年鉴》、全国科学研究和技术服务业科技活动单位统计调查及全国地方财政科学技术支出统计调查等相关统计资料；第六部分为高技术产业发展统计资料，数据来源于《中国高技术产业统计年鉴》；第七部分为企业创新统计资料，数据来源于《全国企业创新调查年鉴》；第八部分为创新产出统计资料，数据来源于《知识产权统计年报》和《中国科技统计年鉴》；第九至第十四部分分别为国家高新技术产业开发区、科技企业孵化器、国家级高新技术企业、国家大学科技园、火炬特色产业基地、创新型产业集群统计资料，数据来源于《中国火炬统计年鉴》；第十五部分为科学技术普及统计资料，数据来源于《中国科普统计》；第十六部分为主要统计指标解释。

三、《年鉴》中部分数据合计数或相对数由于计量单位取舍不同而产生的计算误差，均未做机械调整。

四、有关符号说明："#"表示是其中的主要项；"①"等表示本表下有注解；"空白"表示该项统计指标数据不足本表最小单位数、不详或无该项数据。

目　录

第一部分　综　合	1
表 1-1　京津冀主要社会、经济指标情况（2023 年）	3
表 1-2　京津冀全省（市）财政收支情况（2023 年）	4
表 1-3　京津冀省（市）本级财政收支情况（2023 年）	4
表 1-4　京津冀研究与试验发展（R&D）情况（2019—2023 年）	5
表 1-5　京津冀研究与试验发展（R&D）人员全时当量情况（2023 年）	6
表 1-6　京津冀研究与试验发展（R&D）经费内部支出情况（2023 年）	6
表 1-7　京津冀研究与试验发展（R&D）经费内部支出按支出用途分布情况（2023 年）	6
表 1-8　京津冀研究与试验发展（R&D）经费内部支出按资金来源分布情况（2023 年）	7
表 1-9　京津冀专利情况（2019—2023 年）	7
表 1-10　京津冀技术市场技术合同成交情况（2019—2023 年）	8
第二部分　财　政	9
表 2-1　京津冀一般公共预算收入情况（2023 年）	11
表 2-2　京津冀一般公共预算支出情况（2023 年）	12
表 2-3　京津冀全省（市）财政科技支出情况（2019—2023 年）	13
表 2-4　京津冀省（市）本级财政科技支出情况（2019—2023 年）	14
表 2-5　京津冀全省（市）财政科技支出按用途分布情况（2023 年）	15
表 2-6　京津冀省（市）本级财政科技支出按用途分布情况（2023 年）	15
表 2-7　北京市各区财政科技支出及占财政一般公共预算支出的比重（2023 年）	16
表 2-8　天津市各区财政科技支出及占财政一般公共预算支出的比重（2023 年）	17
表 2-9　河北省各地市财政科技支出及占财政一般公共预算支出的比重（2023 年）	18

第三部分　科学研究和技术服务业事业单位 ····· 19

（一）全部科学研究和技术服务业事业单位 ····· 21

表3-1　京津冀科学研究和技术服务业事业单位基本情况（2019—2023年）····· 21

表3-2　京津冀科学研究和技术服务业事业单位R&D人员情况（2023年）····· 22

表3-3　京津冀科学研究和技术服务业事业单位R&D全时人员按活动类型分布情况（2023年）····· 23

表3-4　京津冀科学研究和技术服务业事业单位R&D经费内部支出按活动类型分布情况（2023年）····· 23

表3-5　京津冀科学研究和技术服务业事业单位R&D经费内部支出按支出用途分布情况（2023年）····· 23

表3-6　京津冀科学研究和技术服务业事业单位R&D经费内部支出按资金来源分布情况（2023年）····· 24

表3-7　京津冀科学研究和技术服务业事业单位R&D经费外部支出情况（2023年）····· 24

表3-8　京津冀科学研究和技术服务业事业单位R&D课题情况（2023年）····· 24

表3-9　京津冀科学研究和技术服务业事业单位科技产出情况（2023年）····· 25

（二）非中央部门属科学研究和技术服务业事业单位 ····· 25

表3-10　京津冀非中央部门属科学研究和技术服务业事业单位基本情况（2019—2023年）····· 25

表3-11　京津冀非中央部门属科学研究和技术服务业事业单位R&D人员情况（2023年）····· 27

表3-12　京津冀非中央部门属科学研究和技术服务业事业单位R&D人员全时当量按活动类型分布情况（2023年）····· 27

表3-13　京津冀非中央部门属科学研究和技术服务业事业单位R&D经费内部支出按活动类型分布情况（2023年）····· 27

表3-14　京津冀非中央部门属科学研究和技术服务业事业单位R&D经费内部支出按支出用途分布情况（2023年）····· 28

表3-15　京津冀非中央部门属科学研究和技术服务业事业单位R&D经费内部支出按资金来源分布情况（2023年）····· 28

表3-16　京津冀非中央部门属科学研究和技术服务业事业单位科技产出情况（2023年）····· 28

第四部分　工业企业 … 29

- 表4-1　京津冀规模以上工业企业基本情况（2019—2023年） … 31
- 表4-2　京津冀规模以上工业企业生产经营情况（2023年） … 32
- 表4-3　京津冀规模以上工业企业R&D人员情况（2023年） … 33
- 表4-4　京津冀规模以上工业企业R&D经费内部支出情况（2023年） … 33
- 表4-5　京津冀规模以上工业企业R&D经费外部支出情况（2023年） … 34
- 表4-6　京津冀规模以上工业企业办研发机构情况（2023年） … 34
- 表4-7　京津冀规模以上工业企业新产品开发和销售情况（2023年） … 34
- 表4-8　京津冀规模以上工业企业专利情况（2023年） … 35
- 表4-9　京津冀规模以上工业企业技术获取和技术改造情况（2023年） … 35

第五部分　高等学校 … 37

- 表5-1　京津冀高等学校基本情况（2019—2023年） … 39
- 表5-2　京津冀高等学校R&D人员情况（2023年） … 40
- 表5-3　京津冀高等学校R&D经费内部支出按活动类型分布情况（2023年） … 41
- 表5-4　京津冀高等学校R&D经费内部支出按支出用途分布情况（2023年） … 41
- 表5-5　京津冀高等学校R&D经费内部支出按经费来源分布情况（2023年） … 41
- 表5-6　京津冀高等学校R&D课题情况（2023年） … 42
- 表5-7　京津冀高等学校科技产出情况（2023年） … 42

第六部分　高技术产业 … 43

- 表6-1　京津冀高技术产业基本情况（2019—2023年） … 45
- 表6-2　京津冀高技术产业R&D相关情况（2023年） … 47
- 表6-3　京津冀高技术产业新产品开发及销售情况（2023年） … 47
- 表6-4　京津冀高技术产业R&D经费情况（2023年） … 47
- 表6-5　京津冀高技术产业专利情况（2023年） … 48
- 表6-6　京津冀高技术产业技术获取及技术改造情况（2023年） … 48
- 表6-7　京津冀高技术产业企业办研发机构情况（2023年） … 48
- 表6-8　京津冀高技术产业投资增长情况（2023年） … 49

第七部分　企业创新

- 表 7–1　规模（限额）以上企业创新活动总体情况（2023 年）……53
- 表 7–2　规模以上工业企业创新活动总体情况（2023 年）……53
- 表 7–3　资质等级以上建筑业企业创新活动总体情况（2023 年）……54
- 表 7–4　规模（限额）以上服务业企业创新活动总体情况（2023 年）……55
- 表 7–5　规模以上高技术产业（制造业）创新活动总体情况（2023 年）……55
- 表 7–6　规模（限额）以上企业产品和工艺创新分布情况（2023 年）……56
- 表 7–7　规模以上工业企业产品和工艺创新分布情况（2023 年）……57
- 表 7–8　资质等级以上建筑业企业产品和工艺创新分布情况（2023 年）……57
- 表 7–9　规模（限额）以上服务业企业产品和工艺创新分布情况（2023 年）……58
- 表 7–10　规模以上高技术产业（制造业）产品和工艺创新分布情况（2023 年）……58
- 表 7–11　规模（限额）以上企业产品创新开发情况（2023 年）……59
- 表 7–12　规模以上工业企业产品创新开发情况（2023 年）……59
- 表 7–13　资质等级以上建筑业企业产品创新开发情况（2023 年）……60
- 表 7–14　规模（限额）以上服务业企业产品创新开发情况（2023 年）……60
- 表 7–15　规模以上高技术产业（制造业）产品创新开发情况（2023 年）……61
- 表 7–16　规模（限额）以上企业工艺创新开发情况（2023 年）……61
- 表 7–17　规模以上工业企业工艺创新开发情况（2023 年）……62
- 表 7–18　资质等级以上建筑业企业工艺创新开发情况（2023 年）……62
- 表 7–19　规模（限额）以上服务业企业工艺创新开发情况（2023 年）……63
- 表 7–20　规模以上高技术产业（制造业）工艺创新开发情况（2023 年）……63
- 表 7–21　规模（限额）以上企业新产品情况（2023 年）……64
- 表 7–22　规模以上工业企业新产品情况（2023 年）……64
- 表 7–23　资质等级以上建筑业企业新产品情况（2023 年）……65
- 表 7–24　规模（限额）以上服务业企业新产品情况（2023 年）……65
- 表 7–25　规模以上高技术产业（制造业）新产品情况（2023 年）……66
- 表 7–26　资质等级以上建筑业企业工艺创新新颖度类别情况（2023 年）……66
- 表 7–27　规模（限额）以上企业产品或工艺创新活动类型情况（2023 年）……67
- 表 7–28　规模以上工业企业产品或工艺创新活动类型情况（2023 年）……67
- 表 7–29　资质等级以上建筑业企业产品或工艺创新活动类型情况（2023 年）……68

表 7-30	规模（限额）以上服务业企业产品或工艺创新活动类型情况（2023 年）	68
表 7-31	规模以上高技术产业（制造业）产品或工艺创新活动类型情况（2023 年）	69
表 7-32	规模以上工业企业创新费用支出情况（2023 年）	69
表 7-33	规模以上高技术产业（制造业）创新费用支出情况（2023 年）	70
表 7-34	规模（限额）以上企业创新信息来源情况（2023 年）	70
表 7-35	规模以上工业企业创新信息来源情况（2023 年）	71
表 7-36	规模（限额）以上企业创新合作开展情况（2023 年）	71
表 7-37	规模以上工业企业创新合作开展情况（2023 年）	72
表 7-38	规模（限额）以上企业创新合作伙伴情况（2023 年）	72
表 7-39	规模以上工业企业创新合作伙伴情况（2023 年）	73
表 7-40	规模（限额）以上企业产学研合作形式情况（2023 年）	73
表 7-41	规模以上工业企业产学研合作形式情况（2023 年）	74
表 7-42	规模（限额）以上企业创新活动阻碍因素情况（2023 年）	74
表 7-43	规模以上工业企业创新活动阻碍因素情况（2023 年）	75
表 7-44	规模（限额）以上企业知识产权及相关情况（2023 年）	75
表 7-45	规模以上工业企业知识产权及相关情况（2023 年）	76
表 7-46	规模（限额）以上企业组织和营销创新情况（2023 年）	76
表 7-47	规模以上工业企业组织和营销创新情况（2023 年）	77
表 7-48	资质等级以上建筑业企业组织和营销创新情况（2023 年）	77
表 7-49	规模（限额）以上服务业企业组织和营销创新情况（2023 年）	78
表 7-50	规模以上高技术产业（制造业）组织和营销创新情况（2023 年）	78

第八部分　创新产出 ································ 79

表 8-1	京津冀国内发明专利申请受理数按地区分布情况（2019—2023 年）	81
表 8-2	京津冀国内实用新型专利申请受理数按地区分布情况（2019—2023 年）	81
表 8-3	京津冀国内外观设计专利申请受理数按地区分布情况（2019—2023 年）	81
表 8-4	京津冀国内发明专利申请授权数按地区分布情况（2019—2023 年）	82
表 8-5	京津冀国内实用新型专利申请授权数按地区分布情况（2019—2023 年）	82
表 8-6	京津冀国内外观设计专利申请授权数按地区分布情况（2019—2023 年）	82
表 8-7	京津冀国内有效发明专利数按地区分布情况（2019—2023 年）	83

表 8-8	京津冀国内有效实用新型专利数按地区分布情况（2019—2023年）…………… 83
表 8-9	京津冀国内有效外观设计专利数按地区分布情况（2019—2023年）…………… 83
表 8-10	京津冀商标注册申请与核准注册情况（2019—2023年）………………………… 84
表 8-11	京津冀技术市场技术开发合同按地域分布情况（合同数）（2019—2023年）… 84
表 8-12	京津冀技术市场技术转让合同按地域分布情况（合同数）（2019—2023年）… 85
表 8-13	京津冀技术市场技术咨询合同按地域分布情况（合同数）（2019—2023年）… 85
表 8-14	京津冀技术市场技术服务合同按地域分布情况（合同数）（2019—2023年）… 85
表 8-15	京津冀技术市场技术开发合同按地域分布情况（合同金额）（2019—2023年）… 86
表 8-16	京津冀技术市场技术转让合同按地域分布情况（合同金额）（2019—2023年）… 86
表 8-17	京津冀技术市场技术咨询合同按地域分布情况（合同金额）（2019—2023年）… 86
表 8-18	京津冀技术市场技术服务合同按地域分布情况（合同金额）（2019—2023年）… 87
表 8-19	京津冀国外技术引进合同情况（2023年）……………………………………… 87

第九部分　国家高新技术产业开发区 ……………………………………………………… 89

表 9-1	京津冀国家高新技术产业开发区基本情况（2019—2023年）………………… 91
表 9-2	京津冀国家高新技术产业开发区企业数量及主要经济指标（2023年）……… 92
表 9-3	京津冀国家高新技术产业开发区企业收入情况（2023年）…………………… 93
表 9-4	京津冀国家高新技术产业开发区企业人员情况（2023年）…………………… 93
表 9-5	京津冀国家高新技术产业开发区企业R&D活动与科技活动情况（2023年）… 93

第十部分　科技企业孵化器 ………………………………………………………………… 95

表 10-1	京津冀科技企业孵化器基本情况（2019—2023年）…………………………… 97
表 10-2	京津冀科技企业孵化器孵化企业情况（2023年）……………………………… 98
表 10-3	京津冀科技企业孵化器孵化场地情况（2023年）……………………………… 99
表 10-4	京津冀科技企业孵化器当年在孵企业情况（2023年）………………………… 99
表 10-5	京津冀国家级科技企业孵化器基本情况（2023年）…………………………… 99
表 10-6	京津冀国家级科技企业孵化器孵化企业情况（2023年）……………………… 100
表 10-7	京津冀国家级科技企业孵化器孵化场地情况（2023年）……………………… 100
表 10-8	京津冀国家级科技企业孵化器当年在孵企业情况（2023年）………………… 100

第十一部分 国家级高新技术企业 ··· 101
  表 11-1 京津冀国家高新技术企业基本情况（2019—2023年） ··· 103
  表 11-2 京津冀国家高新技术企业主要经济指标（2023年） ··· 104
  表 11-3 京津冀国家高新技术企业人员情况（2023年） ··· 104
  表 11-4 京津冀国家高新技术企业R&D活动与科研活动情况（2023年） ··· 105

第十二部分 国家大学科技园 ··· 107
  表 12-1 京津冀国家大学科技园基本情况（2019—2023年） ··· 109
  表 12-2 京津冀国家大学科技园人员情况（2023年） ··· 110
  表 12-3 京津冀国家大学科技园孵化场地情况（2023年） ··· 111
  表 12-4 京津冀国家大学科技园在孵企业情况（2023年） ··· 111

第十三部分 火炬特色产业基地 ··· 113
  表 13-1 京津冀火炬特色产业基地基本情况（2019—2023年） ··· 115
  表 13-2 京津冀火炬特色产业基地经济指标情况（2023年） ··· 116
  表 13-3 京津冀火炬特色产业基地人员情况（2023年） ··· 116

第十四部分 创新型产业集群 ··· 117
  表 14-1 京津冀创新型产业集群基本情况（2020—2023年） ··· 119
  表 14-2 京津冀创新型产业集群企业数量和从业人员情况（2023年） ··· 120
  表 14-3 京津冀创新型产业集群主要经济指标情况（2023年） ··· 120
  表 14-4 京津冀创新型产业集群主要科技活动成果情况（2023年） ··· 120
  表 14-5 京津冀创新型产业集群主要服务机构情况（2023年） ··· 121

第十五部分 科学技术普及 ··· 123
  表 15-1 京津冀科学技术普及基本情况（2019—2023年） ··· 125
  表 15-2 京津冀科普专职人员情况（2023年） ··· 126
  表 15-3 京津冀科普兼职人员情况（2023年） ··· 127
  表 15-4 京津冀科普场地情况（2023年） ··· 127

表 15-5　京津冀科普经费情况（2023 年）……………………………………………………128

表 15-6　京津冀科普传媒情况（2023 年）……………………………………………………128

表 15-7　京津冀科普活动情况（2023 年）……………………………………………………129

第十六部分　主要统计指标解释……………………………………………………131

第一部分 综合

第一部分 综合

表 1-1 京津冀主要社会、经济指标情况（2023 年）

项目	全国	京津冀合计	北京	天津	河北	京津冀占比 /%
常住人口 / 万人①	140 967	10 943	2186	1364	7393	7.8
地区生产总值 / 亿元	1 260 582	104 442	43 761	16 737	43 944	8.3
第一产业	89 755	4840	106	269	4466	5.4
第二产业	482 589	28 944	6526	5983	16 435	6.0
#工业增加值	399 103	24 336	5009	5359	13 969	6.1
第三产业	688 238	70 658	37 130	10 486	23 043	10.3
人均生产总值 /（元/人）	89 358		200 278	122 752	59 332	
农、林、牧、渔业总产值 / 亿元	94 463	5170	107	279	4784	5.5
一般公共预算收入 / 亿元	117 229	12 495	6181	2028	4287	10.7
一般公共预算支出 / 亿元	236 403	20 858	7971	3280	9606	8.8
固定资产投资比上年增长情况 /%	3		4.9	-16.4	6.3	
沿海港口货物吞吐量 / 亿吨	108	6	0	6	0	5.6
社会消费品零售总额 / 亿元	439 733	31 086	13 794	3572	13 720	7.1
货物进出口总额 / 亿美元	59 360	7152	5185	1139	828	12.0
#出口	33 790	1868	853	517	498	5.5
城镇非私营单位从业人员工资总额 / 亿元	197 417	24 986	16 630	3047	5309	12.7
城镇非私营单位从业人员平均工资 / 元	120 698		218 312	138 007	94 818	

注：①全国数据为年度人口抽样调查推算数据，京津冀数据为常住人口口径。
　　地区生产总值全国数据为国内生产总值。
　　货物进出口总额、#出口均按收发货人所在地分。

表 1-2　京津冀全省（市）财政收支情况（2023年）

单位：亿元

地区	地方财政科技支出合计	地方财政支出	科技支出占财政支出的比重/%	地方财政收入
全国	7515	236 403	3.18	117 228
京津冀合计	730	20 858	3.50	12 495
北京	522	7971	6.55	6181
天津	77	3280	2.35	2028
河北	131	9606	1.36	4287
京津冀占比/%	9.7	8.8		10.7

表 1-3　京津冀省（市）本级财政收支情况（2023年）

单位：亿元

地区	地方财政科技支出合计	地方财政支出	科技支出占财政支出的比重/%	地方财政收入
全国	1709	40 230	4.25	22 720
京津冀合计	482	5559	8.68	4869
北京	432	3344	12.92	3381
天津	25	1127	2.19	783
河北	26	1087	2.37	705
京津冀占比/%	28.2	13.8		21.4

表1-4　京津冀研究与试验发展（R&D）情况（2019—2023年）

项目	2019年	2020年	2021年	2022年	2023年
R&D人员/人					
全国	7 129 256	7 552 986	8 580 860	9 401 258	10 225 382
京津冀合计	791 217	805 768	852 231	965 399	1 016 602
北京	464 178	473 304	472 860	546 747	571 650
天津	143 888	136 341	166 037	160 846	162 051
河北	183 151	196 123	213 334	257 806	282 901
京津冀占比/%	11.1	10.7	9.9	10.3	9.9
R&D人员全时当量/人年					
全国	4 800 768	5 234 508	5 716 330	6 353 570	7 240 582
京津冀合计	518 287	551 978	566 892	635 447	690 262
北京	313 986	336 280	338 297	373 235	402 152
天津	92 502	90 640	102 986	103 499	110 094
河北	111 799	125 058	125 609	158 713	178 016
京津冀占比/%	10.8	10.5	9.9	10.0	9.5
R&D经费内部支出/亿元					
全国	22 144	24 393	27 956	30 783	33 357
京津冀合计	3264	3446	3948	4261	4458
北京	2234	2327	2629	2843	2947
天津	463	485	574	569	599
河北	567	634	745	849	912
京津冀占比/%	14.7	14.1	14.1	13.8	13.4
R&D经费投入占GDP比重/%					
全国	2.2	2.4	2.4	2.6	2.6
京津冀水平	3.9	4.0	4.1	4.2	4.3
北京	6.3	6.4	6.5	6.8	0.7
天津	3.3	3.4	3.7	3.5	3.6
河北	1.6	1.8	1.8	2.0	2.1

表 1-5　京津冀研究与试验发展（R&D）人员全时当量情况（2023 年）

单位：人年

地区	R&D 人员全时当量	#研究人员	#基础研究	应用研究	试验发展
全国	7 240 582	3 001 302	575 033	776 817	5 888 748
京津冀合计	690 262	401 458	111 185	152 996	426 082
北京	402 152	275 378	91 950	115 836	194 367
天津	110 094	55 474	9386	16 504	84 204
河北	178 016	70 606	9849	20 656	147 511
京津冀占比 /%	9.5	13.4	19.3	19.7	7.2

表 1-6　京津冀研究与试验发展（R&D）经费内部支出情况（2023 年）

单位：亿元

地区	R&D 经费内部支出	基础研究	应用研究	试验发展
全国	33 357	2259	3661	27 436
京津冀合计	4458	535	912	3012
北京	2947	472	753	1722
天津	599	36	73	490
河北	912	26	86	801
京津冀占比 /%	13.4	23.7	24.9	11.0

表 1-7　京津冀研究与试验发展（R&D）经费内部支出按支出用途分布情况（2023 年）

单位：亿元

地区	R&D 经费内部支出	日常性支出	#人员劳务费	资产性支出	#仪器和设备
全国	33 357	30 266	11 578	3092	2601
京津冀合计	4458	4031	1623	428	349
北京	2947	2624	1220	323	265
天津	599	550	197	49	36
河北	912	857	206	55	48
京津冀占比 /%	13.4	13.3	14.0	13.8	13.4

表 1-8 京津冀研究与试验发展（R&D）经费内部支出按资金来源分布情况（2023 年）

单位：亿元

地区	R&D经费内部支出	政府资金	企业资金	境外资金	其他资金
全国	33 357	5693	26 444	111	1109
京津冀合计	4458	1425	2737	29	268
北京	2947	1244	1467	27	209
天津	599	87	481	2	30
河北	912	94	789	0	29
京津冀占比/%	13.4	25.0	10.3	25.9	24.1

表 1-9 京津冀专利情况（2019—2023 年）

单位：件

项目	2019 年	2020 年	2021 年	2022 年	2023 年
专利申请受理数					
全国	4 195 104	5 016 030	5 060 312	5 186 407	5 383 449
京津冀合计	423 432	491 287	504 310	528 947	559 980
北京	226 113	254 165	283 134	307 175	318 984
天津	96 045	111 514	90 471	84 335	91 141
河北	101 274	125 608	130 705	137 437	149 855
京津冀占比/%	10.1	9.8	10.0	10.2	10.4
专利申请授权数					
全国	2 474 406	3 520 901	4 467 165	4 201 203	3 532 282
京津冀合计	247 324	330 454	416 722	389 581	345 136
北京	131 716	162 824	198 778	202 722	193 973
天津	57 799	75 434	97 910	71 545	59 154
河北	57 809	92 196	120 034	115 314	92 009
京津冀占比/%	10.0	9.4	9.3	9.3	9.8
国内有效专利数					
全国	8 812 070	11 236 868	14 417 426	16 840 692	19 279 828
京津冀合计	1 047 376	1 279 655	1 577 788	1 803 338	2 035 047
北京	653 053	768 090	913 616	1 046 715	1 181 142
天津	198 946	245 540	308 263	332 539	366 523
河北	195 377	266 025	355 909	424 084	487 382
京津冀占比/%	11.9	11.4	10.9	10.7	10.6

表 1-10 京津冀技术市场技术合同成交情况（2019—2023 年）

项目	2019 年	2020 年	2021 年	2022 年	2023 年
技术输出地域合同数 / 项					
全国	484 077	549 353	670 506	772 507	945 946
京津冀合计	**104 318**	**101 604**	**117 350**	**122 567**	**143 959**
北京	83 171	84 451	93 563	95 061	106 552
天津	13 885	9685	12 048	12 299	14 854
河北	7262	7468	11 739	15 207	22 553
京津冀占比 /%	**21.5**	**18.5**	**17.5**	**15.9**	**15.2**
技术输出地域合同金额 / 亿元					
全国	22 398	28 252	37 294	47 791	61 476
京津冀合计	**6985**	**7961**	**9010**	**10 602**	**12 249**
北京	5695	6316	7006	7948	8537
天津	909	1090	1257	1651	1929
河北	381	555	747	1004	1783
京津冀占比 /%	**31.2**	**28.2**	**24.2**	**22.2**	**19.9**
技术流向地域合同数 / 项					
全国	484 077	549 353	670 506	772 507	945 946
京津冀合计	**87 738**	**86 084**	**97 060**	**97 923**	**118 265**
北京	65 137	65 548	71 405	69 630	81 054
天津	11 277	8466	9886	10 627	12 939
河北	11 324	12 070	15 769	17 666	24 272
京津冀占比 /%	**18.1**	**15.7**	**14.5**	**12.7**	**12.5**
技术流向地域合同金额 / 亿元					
全国	22 398	28 252	37 294	47 791	61 476
京津冀合计	**4270**	**4453**	**5193**	**6229**	**8064**
北京	3224	3129	3439	4113	5025
天津	462	617	600	783	1010
河北	584	707	1154	1333	2030
京津冀占比 /%	**19.1**	**15.8**	**13.9**	**13.0**	**13.1**

第二部分

财 政

表 2-1 京津冀一般公共预算收入情况（2023年）

单位：亿元

项目	全国	京津冀合计	北京	天津	河北	京津冀占比 /%
地方一般公共预算收入	117 229	12 495	6181	2028	4287	10.7
税收收入	85 302	9514	5357	1579	2578	11.2
国内增值税	34 746	3653	1877	719	1056	10.5
企业所得税	14 693	2036	1435	290	311	13.9
个人所得税	5910	970	773	114	83	16.4
资源税	2978	116	33	13	70	3.9
城市维护建设税	4969	479	233	101	146	9.6
房产税	3994	568	369	93	107	14.2
印花税	1984	252	121	53	78	12.7
城镇土地使用税	2213	189	19	14	155	8.5
土地增值税	5294	474	223	77	173	8.9
车船税	1114	114	33	15	65	10.2
耕地占用税	1127	85	6	2	77	7.5
契税	5910	551	225	85	241	9.3
烟叶税	151	0	0	0	0	0.1
环境保护税	205	27	10	3	14	13.1
其他税收收入	14	1	0	1	0	8.1
非税收入	31 927	2981	824	448	1709	9.3
专项收入	7852	857	367	123	367	10.9
行政事业性收费收入	3449	215	66	34	114	6.2
罚没收入	3630	259	74	48	137	7.1
国有资本经营收入	994	54	1	1	52	5.4
国有资源（资产）有偿收入	13 380	1304	203	185	917	9.7
其他收入	2622	292	114	57	121	11.1

表 2-2 京津冀一般公共预算支出情况（2023 年）

单位：亿元

项目	全国	京津冀合计	北京	天津	河北	京津冀占比/%
地方一般公共预算支出	236 403	20 858	7971	3280	9606	8.8
一般公共服务支出	19 726	1662	546	244	872	8.4
外交支出	2	0	0	0	0	0.0
国防支出	268	21	8	4	9	7.8
公共安全支出	12 625	1173	502	215	456	9.3
教育支出	39 677	3527	1228	492	1808	8.9
科学技术支出	7515	730	522	77	131	9.7
文化旅游体育与传媒支出	3793	377	216	31	130	9.9
社会保障和就业支出	38 828	3504	1146	667	1691	9.0
卫生健康支出	22 099	1846	705	211	930	8.4
节能环保支出	5441	575	221	34	321	10.6
城乡社区支出	20 532	2332	930	432	970	11.4
农林水支出	23 733	1571	516	127	929	6.6
交通运输支出	11 449	833	373	104	355	7.3
资源勘探工业信息等支出	7842	756	273	316	168	9.6
商业服务业等支出	1942	120	27	58	36	6.2
金融支出	1446	47	24	4	19	3.3
援助其他地区支出	437	95	58	27	9	21.7
自然资源海洋气象等支出	2360	219	35	36	149	9.3
住房保障支出	7592	523	186	87	250	6.9
粮油物资储备支出	716	38	10	8	20	5.3
债务付息支出	4887	370	78	65	227	7.6
债务发行费用支出	30	2	0	1	1	6.7
其他支出	1449	215	163	13	39	14.8

表 2-3　京津冀全省（市）财政科技支出情况（2019—2023 年）

项目	2019 年	2020 年	2021 年	2022 年	2023 年
一般公共预算支出/亿元					
全国	203 743	210 583	210 623	224 981	236 403
京津冀合计	19 273	19 290	19 206	19 505	20 858
北京	7408	7116	7205	7469	7971
天津	3556	3151	3153	2730	3280
河北	8309	9023	8848	9306	9606
京津冀占比/%	9.5	9.2	9.1	8.7	8.8
财政科技支出/亿元					
全国	5955	5802	6464	6817	7515
京津冀合计	634	631	666	669	730
北京	433	411	449	489	522
天津	110	118	104	62	77
河北	91	102	113	118	131
京津冀占比/%	10.6	10.9	10.3	9.8	9.7
财政科技支出占一般公共预算支出的比重/%					
全国	2.9	2.8	3.1	3.0	3.2
京津冀水平	3.3	3.3	3.5	3.4	3.5
北京	5.8	5.8	6.2	6.5	6.5
天津	3.1	3.7	3.3	2.3	2.3
河北	1.1	1.1	1.3	1.3	1.4

表 2-4 京津冀省（市）本级财政科技支出情况（2019—2023 年）

项目	2019年	2020年	2021年	2022年	2023年
一般公共预算支出/亿元					
全国	32 415	33 791	37 085	39 284	40 230
京津冀合计	**5250**	**4974**	**5157**	**5285**	**5559**
北京	2924	2795	2855	3121	3344
天津	1297	1102	1098	1043	1127
河北	1029	1077	1204	1121	1087
京津冀占比/%	**16.2**	**14.7**	**13.9**	**13.5**	**13.8**
财政科技支出/亿元					
全国	1202	1214	1438	1498	1709
京津冀合计	**375**	**387**	**416**	**441**	**482**
北京	328	332	357	398	432
天津	19	27	28	15	25
河北	28	28	31	28	26
京津冀占比/%	**31.2**	**31.9**	**28.9**	**29.4**	**28.2**
财政科技支出占一般公共预算支出的比重/%					
全国	3.7	3.6	3.9	3.8	4.3
京津冀水平	**7.1**	**7.8**	**8.1**	**8.3**	**8.7**
北京	11.2	11.9	12.5	12.7	12.9
天津	1.5	2.5	2.6	1.4	2.2
河北	2.7	2.6	2.6	2.5	2.4

表2-5　京津冀全省（市）财政科技支出按用途分布情况（2023年）

单位：万元

项目	全国	京津冀合计	北京	天津	河北	京津冀占比/%
地方财政科技支出合计	75 146 511	7 299 749	5 219 080	770 293	1 310 376	9.7
科学技术管理事务	3 681 663	350 249	152 251	26 175	171 823	9.5
基础研究	5 858 212	627 542	575 735	6385	45 422	10.7
应用研究	4 168 292	907 915	784 327	34 036	89 552	21.8
技术研究与开发	21 644 340	1 204 439	275 947	553 144	375 348	5.6
科技条件与服务	4 330 209	305 380	223 322	8045	74 013	7.1
社会科学	584 862	64 348	38 940	8126	17 282	11.0
科学技术普及	1 446 217	149 144	96 233	10 143	42 768	10.3
科技交流与合作	294 723	11 072	1838	709	8525	3.8
科技重大项目	3 776 490	101 719	45 954	2674	53 091	2.7
其他科学技术支出	29 361 503	3 577 941	3 024 533	120 856	432 552	12.2

表2-6　京津冀省（市）本级财政科技支出按用途分布情况（2023年）

单位：万元

项目	全国	京津冀合计	北京	天津	河北	京津冀占比/%
地方财政科技支出合计	17 093 672	4 823 855	4 319 225	247 314	257 316	28.2
科学技术管理事务	279 239	85 367	36 697	6754	41 916	30.6
基础研究	2 947 131	603 636	572 235	6385	25 016	20.5
应用研究	2 502 338	854 148	762 502	30 363	61 283	34.1
技术研究与开发	3 205 436	361 579	186 512	140 129	34 938	11.3
科技条件与服务	825 540	191 764	182 669	2440	6655	23.2
社会科学	373 078	61 644	38 928	8126	14 590	16.5
科学技术普及	454 921	93 560	78 023	6393	9144	20.6
科技交流与合作	59 734	4098	605	222	3271	6.9
科技重大项目	1 905 811	34 749	5825	0	28 924	1.8
其他科学技术支出	4 540 444	2 533 310	2 455 229	46 502	31 579	55.8

表 2-7 北京市各区财政科技支出及占财政一般公共预算支出的比重（2023 年）

单位：万元

地区	财政科技支出	一般公共预算支出	财政科技支出占一般公共预算支出的比重 /%
各区合计	**934 138**	**46 503 230**	**2.01**
东城区	7369	2 922 518	0.25
西城区	48 739	4 148 449	1.17
朝阳区	112 827	5 477 868	2.06
丰台区	40 992	2 891 677	1.42
石景山区	23 717	1 644 719	1.44
海淀区	405 001	7 262 507	5.58
门头沟区	8881	1 226 300	0.72
房山区	4241	2 601 346	0.16
通州区	12 006	3 951 122	0.30
顺义区	62 524	2 961 090	2.11
昌平区	20 499	2 741 641	0.75
大兴区	90 645	3 242 127	2.80
怀柔区	9869	1 298 844	0.76
平谷区	13 897	1 273 907	1.09
密云区	29 038	1 580 187	1.84
延庆区	43 893	1 278 928	3.43

表2-8 天津市各区财政科技支出及占财政一般公共预算支出的比重（2023年）

单位：万元

地区	财政科技支出	一般公共预算支出	财政科技支出占一般公共预算支出的比重/%
各区合计	**521 034**	**21 529 269**	**2.42**
和平区	2943	617 402	0.48
河东区	1342	709 273	0.19
河西区	3286	882 287	0.37
南开区	13 899	765 690	1.82
河北区	1758	610 349	0.29
红桥区	908	531 173	0.17
东丽区	9571	811 831	1.18
西青区	13 100	1 445 882	0.91
津南区	7081	959 694	0.74
北辰区	18 909	1 065 705	1.77
武清区	2175	1 881 553	0.12
宝坻区	5108	1 062 117	0.48
滨海新区	436 015	7 643 682	5.70
宁河区	1075	730 365	0.15
静海区	3806	1 023 682	0.37
蓟州区	58	788 584	0.01

表 2-9　河北省各地市财政科技支出及占财政一般公共预算支出的比重（2023 年）

单位：万元

地区	财政科技支出	一般公共预算支出	财政科技支出占一般公共预算支出的比重 /%
各市合计①	979 184	78 998 150	**1.24**
石家庄市	248 521	11 999 863	2.07
唐山市	121 353	10 015 337	1.21
秦皇岛市	20 940	3 780 760	0.55
邯郸市	116 781	8 716 485	1.34
邢台市	72 242	6 417 403	1.13
保定市	140 835	8 764 970	1.61
张家口市	39 819	6 940 043	0.57
承德市	30 526	4 696 114	0.65
沧州市	64 472	7 309 162	0.88
廊坊市	59 822	5 954 637	1.00
衡水市	63 873	4 403 376	1.45

注：①各市合计数不含雄安新区及定州、辛集数据。

第三部分

科学研究和技术服务业事业单位

（一）全部科学研究和技术服务业事业单位

表 3-1　京津冀科学研究和技术服务业事业单位基本情况（2019—2023 年）

项目	2019 年	2020 年	2021 年	2022 年	2023 年
机构数 / 个					
全国	5929	6264	6246	6457	6907
京津冀合计	**700**	**681**	**638**	**626**	**641**
北京	432	445	417	401	406
天津	153	116	97	103	110
河北	115	120	124	122	125
京津冀占比 /%	**11.8**	**10.9**	**10.2**	**9.7**	**9.3**
从业人员 / 人					
全国	630 976	675 817	703 677	721 415	758 005
京津冀合计	**146 577**	**151 446**	**153 736**	**151 886**	**154 099**
北京	113 979	119 935	122 538	122 558	124 091
天津	16 696	14 667	15 519	15 761	16 349
河北	15 902	16 844	15 679	13 567	13 659
京津冀占比 /%	**23.2**	**22.4**	**21.8**	**21.1**	**20.3**
R&D 人员全时当量 / 人年					
全国	287 371	319 982	347 597	376 588	410 489
京津冀合计	**77 954**	**86 119**	**87 963**	**92 293**	**95 242**
北京	68 317	76 381	78 147	81 816	84 274
天津	5671	5186	4943	5764	6259
河北	3966	4552	4873	4713	4709
京津冀占比 /%	**27.1**	**26.9**	**25.3**	**24.5**	**23.2**
R&D 经费内部支出 / 亿元					
全国	1586	1762	2029	2177	2465
京津冀合计	**555**	**556**	**626**	**646**	**710**
北京	505	509	573	594	654
天津	32	28	34	33	36
河北	18	19	19	19	20
京津冀占比 /%	**35.0**	**31.6**	**30.9**	**29.7**	**28.8**
专利申请数 / 件					

续表

项目	2019年	2020年	2021年	2022年	2023年
全国	47 667	53 600	63 577	72 098	82 377
京津冀合计	11 349	12 522	13 926	14 389	16 736
北京	9693	10 630	11 716	12 300	14 333
天津	1056	1084	1315	1200	1362
河北	600	808	895	889	1041
京津冀占比/%	23.8	23.4	21.9	20.0	20.3
有效发明专利/件					
全国	114 171	136 364	157 813	187 267	229 410
京津冀合计	36 448	44 250	48 917	58 254	67 001
北京	34 018	41 374	45 018	53 666	61 379
天津	1439	1667	2243	3068	3693
河北	991	1209	1656	1520	1929
京津冀占比/%	31.9	32.4	31.0	31.1	29.2

表3-2　京津冀科学研究和技术服务业事业单位R&D人员情况（2023年）

单位：人

地区	R&D人员合计	#女性	#博士毕业	硕士毕业	本科毕业	#全时人员
全国	512 427	190 234	152 547	165 725	145 074	339 315
京津冀合计	123 733	52 803	49 976	38 492	24 421	82 011
北京	110 047	47 052	47 118	33 088	19 927	72 494
天津	8068	3421	1946	3451	2320	5229
河北	5618	2330	912	1953	2174	4288
京津冀占比/%	24.1	27.8	32.8	23.2	16.8	24.2

表 3-3 京津冀科学研究和技术服务业事业单位 R&D 全时人员按活动类型分布情况（2023 年）

单位：人年

地区	R&D 人员全时当量	#研究人员	#基础研究	应用研究	试验发展
全国	410 489	292 302	120 915	135 402	154 172
京津冀合计	95 242	70 742	41 317	36 679	17 246
北京	84 274	62 618	39 777	33 005	11 492
天津	6259	4312	964	2303	2992
河北	4709	3812	576	1371	2762
京津冀占比 /%	23.2	24.2	34.2	27.1	11.2

表 3-4 京津冀科学研究和技术服务业事业单位 R&D 经费内部支出按活动类型分布情况（2023 年）

单位：万元

地区	R&D 经费内部支出	基础研究	应用研究	试验发展
全国	24 647 915	6 840 892	9 393 761	8 413 263
京津冀合计	7 098 075	2 751 738	3 170 589	1 175 750
北京	6 537 646	2 684 623	2 973 971	879 052
天津	361 741	47 197	134 347	180 198
河北	198 688	19 918	62 271	116 500
京津冀占比 /%	28.8	40.2	33.8	14.0

表 3-5 京津冀科学研究和技术服务业事业单位 R&D 经费内部支出按支出用途分布情况（2023 年）

单位：万元

地区	R&D 经费内部支出	日常性支出	#人员劳务费	资产性支出	#仪器和设备支出
全国	24 647 915	19 242 790	9 546 940	5 405 125	3 822 044
京津冀合计	7 098 075	5 594 649	2 634 208	1 503 427	1 223 165
北京	6 537 646	5 114 626	2 370 883	1 423 019	1 175 194
天津	361 741	309 444	166 815	52 298	29 476
河北	198 688	170 579	96 510	28 110	18 495
京津冀占比 /%	28.8	29.1	27.6	27.8	32.0

表 3-6 京津冀科学研究和技术服务业事业单位 R&D 经费内部支出按资金来源分布情况（2023 年）

单位：万元

地区	R&D 经费内部支出	政府资金	企业资金	国外资金	其他资金
全国	24 647 915	19 945 861	1 962 963	84 330	2 654 762
京津冀合计	7 098 075	5 965 365	530 588	39 653	562 468
北京	6 537 646	5 561 608	461 602	39 380	475 055
天津	361 741	232 385	64 676	158	64 522
河北	198 688	171 372	4310	115	22 891
京津冀占比 /%	28.8	29.9	27.0	47.0	21.2

表 3-7 京津冀科学研究和技术服务业事业单位 R&D 经费外部支出情况（2023 年）

单位：万元

地区	R&D 经费外部支出	对境内研究机构支出	对境内高等学校支出	对境内企业支出	对境内其他单位支出	对境外机构支出
全国	548 203	195 489	150 586	165 379	32 290	4459
京津冀合计	193 208	81 813	31 570	65 465	13 296	1064
北京	190 682	80 435	30 940	64 947	13 296	1064
天津	2211	1260	596	355	0	0
河北	315	118	34	163	0	0
京津冀占比 /%	35.2	41.9	21.0	39.6	41.2	23.9

表 3-8 京津冀科学研究和技术服务业事业单位 R&D 课题情况（2023 年）

地区	R&D 课题数 / 项	R&D 课题人员折合全时工作量 / 人年	R&D 课题经费 / 万元
全国	170 468	326 976.2	9 943 201
京津冀合计	50 217	79 048.4	3 147 904
北京	45 897	70 443.2	2 963 061
天津	2781	5011.0	126 243
河北	1539	3594.2	58 600
京津冀占比 /%	29.5	24.2	31.7

表 3-9　京津冀科学研究和技术服务业事业单位科技产出情况（2023 年）

项目	全国	京津冀合计	北京	天津	河北	京津冀占比 /%
发表科技论文	214 823	71 017	65 124	3400	2493	33.1
#国外发表	102 771	36 380	34 496	1393	491	35.4
出版科技著作 / 种	6279	2582	2245	159	178	41.1
专利申请数 / 件	82 377	16 736	14 333	1362	1041	20.3
#发明专利	63 461	13 350	11 757	1006	587	21.0
有效发明专利 / 件	229 410	67 001	61 379	3693	1929	29.2
专利所有权转让及许可数 / 件	5167	942	780	148	14	18.2
专利所有权转让及许可收入 / 万元	182 612	55 002	43 871	10 731	400	30.1
形成国家或行业标准数 / 项	5876	2097	1893	159	45	35.7

（二）非中央部门属科学研究和技术服务业事业单位

表 3-10　京津冀非中央部门属科学研究和技术服务业事业单位基本情况（2019—2023 年）

项目	2019 年	2020 年	2021 年	2022 年	2023 年
机构数 / 个					
全国	5169	5535	5511	5733	6152
京津冀合计	313	287	245	251	259
北京	98	100	73	73	72
天津	125	91	73	78	84
河北	90	96	99	100	103
京津冀占比 /%	6.1	5.2	4.4	4.4	4.2
从业人员 / 人					
全国	406 779	442 025	466 781	484 523	513 433
京津冀合计	28 154	26 986	27 279	27 546	28 403
北京	12 014	12 770	12 484	12 920	13 387
天津	9580	7113	7448	7333	7649
河北	6560	7103	7347	7293	7367
京津冀占比 /%	6.9	6.1	5.8	5.7	5.5

续表

项目	2019 年	2020 年	2021 年	2022 年	2023 年
R&D 人员全时当量 / 人年					
全国	**141 452**	**159 126**	**183 420**	**204 786**	**231 789**
京津冀合计	**10 486**	**10 347**	**10 725**	**12 203**	**13 530**
北京	5401	5863	6004	6901	7678
天津	2898	2039	2092	2247	2667
河北	2187	2445	2629	3055	3185
京津冀占比 /%	**7.4**	**6.5**	**5.8**	**6.0**	**5.8**
R&D 经费内部支出 / 万元					
全国	**5 565 522**	**6 862 686**	**8 307 534**	**9 692 827**	**11 447 590**
京津冀合计	**460 041**	**478 804**	**548 062**	**690 887**	**754 912**
北京	244 436	279 478	294 651	425 398	482 294
天津	128 792	96 390	151 149	133 214	136 457
河北	86 813	102 936	102 262	132 275	136 161
京津冀占比 /%	**8.3**	**7.0**	**6.6**	**7.1**	**6.6**
专利申请数 / 件					
全国	**21 078**	**25 506**	**33 069**	**39 851**	**48 407**
京津冀合计	**1554**	**1475**	**1954**	**1959**	**2467**
北京	668	731	968	1042	1350
天津	534	351	486	406	428
河北	352	393	500	511	689
京津冀占比 /%	**7.4**	**5.8**	**5.9**	**4.9**	**5.1**
有效发明专利数 / 件					
全国	**37 091**	**44 117**	**55 455**	**70 983**	**91 504**
京津冀合计	**3665**	**3860**	**4791**	**6778**	**7277**
北京	2303	2311	3022	4692	4425
天津	714	738	728	913	1326
河北	648	811	1041	1173	1526
京津冀占比 /%	**9.9**	**8.7**	**8.6**	**9.5**	**8.0**

表 3-11 京津冀非中央部门属科学研究和技术服务业事业单位 R&D 人员情况（2023 年）

单位：人

地区	R&D 人员合计	#女性	#博士毕业	硕士毕业	本科毕业	#全时人员
全国	288 949	104 065	62 140	98 660	100 771	192 215
京津冀合计	16 100	7670	4177	5501	4738	12 068
北京	8571	4322	2732	2671	2033	7084
天津	3725	1542	858	1427	1285	2023
河北	3804	1806	587	1403	1420	2961
京津冀占比/%	5.6	7.4	6.7	5.6	4.7	6.3

表 3-12 京津冀非中央部门属科学研究和技术服务业事业单位 R&D 人员全时当量按活动类型分布情况（2023 年）

单位：人年

地区	R&D 人员全时当量	#研究人员	#基础研究	应用研究	试验发展
全国	231 789	162 375	43 970	66 587	121 232
京津冀合计	13 530	9191	4065	3798	5667
北京	7678	4887	3410	2402	1866
天津	2667	1671	271	753	1643
河北	3185	2633	384	643	2158
京津冀占比/%	5.8	5.7	9.2	5.7	4.7

表 3-13 京津冀非中央部门属科学研究和技术服务业事业单位 R&D 经费内部支出按活动类型分布情况（2023 年）

单位：万元

地区	R&D 经费内部支出	基础研究	应用研究	试验发展
全国	11 447 590	2 068 159	3 536 401	5 843 030
京津冀合计	754 912	281 939	199 640	273 332
北京	482 294	257 685	135 351	89 258
天津	136 457	11 639	35 723	89 094
河北	136 161	12 615	28 566	94 980
京津冀占比/%	6.6	13.6	5.6	4.7

表 3-14　京津冀非中央部门属科学研究和技术服务业事业单位 R&D 经费内部支出按支出用途分布情况（2023 年）

单位：万元

地区	R&D 经费内部支出	日常性支出	#人员劳务费	资产性支出	#仪器和设备支出
全国	11 447 590	8 574 727	4 598 973	2 872 863	1 975 889
京津冀合计	754 912	612 537	316 562	142 376	115 492
北京	482 294	383 237	195 393	99 057	90 225
天津	136 457	111 810	55 962	24 647	10 787
河北	136 161	117 490	65 207	18 672	14 480
京津冀占比 /%	6.6	7.1	6.9	5.0	5.8

表 3-15　京津冀非中央部门属科学研究和技术服务业事业单位 R&D 经费内部支出按资金来源分布情况（2023 年）

单位：万元

地区	R&D 经费内部支出	政府资金	企业资金	国外资金	其他资金
全国	11 447 590	9 102 898	688 119	2307	1 654 267
京津冀合计	754 912	626 514	41 961	254	86 181
北京	482 294	431 591	12 966	254	37 482
天津	136 457	75 094	26 931	0	34 431
河北	136 161	119 829	2064	0	14 268
京津冀占比 /%	6.6	6.9	6.1	11.0	5.2

表 3-16　京津冀非中央部门属科学研究和技术服务业事业单位科技产出情况（2023 年）

项目	全国	京津冀合计	北京	天津	河北	京津冀占比 /%
发表科技论文 / 篇	101 798	9116	5658	1659	1799	9.0
#国外发表	35 706	3485	2748	444	293	9.8
出版科技著作 / 种	3487	516	291	81	144	14.8
专利申请数 / 件	48 407	2467	1350	428	689	5.1
#发明专利	34 985	1637	942	271	424	4.7
有效发明专利 / 件	91 504	7277	4425	1326	1526	8.0
专利所有权转让及许可数 / 件	3006	76	34	28	14	2.5
专利所有权转让及许可收入 / 万元	55 008	2135	1140	595	400	3.9
形成国家或行业标准数 / 项	3294	253	162	50	41	7.7

第四部分

工业企业

表 4-1 京津冀规模以上工业企业基本情况（2019—2023 年）

项目	2019 年	2020 年	2021 年	2022 年	2023 年
企业数 / 个					
全国	377 815	399 375	441 517	472 009	493 161
京津冀合计	21 115	22 387	24 862	27 030	27 109
北京	3121	3028	3073	3141	3145
天津	4813	5120	5662	5812	5850
河北	13 181	14 239	16 127	18 077	18 114
京津冀占比 /%	5.6	5.6	5.6	5.7	5.5
有研发机构的企业数 / 个					
全国	85 274	94 072	108 667	124 303	135 972
京津冀合计	2729	3129	3366	5381	5948
北京	447	453	454	463	418
天津	433	479	537	520	523
河北	1849	2197	2375	4398	5007
京津冀占比 /%	3.2	3.3	3.1	4.3	4.4
有 R&D 活动的企业数 / 个					
全国	129 198	146 691	169 224	175 619	151 290
京津冀合计	4776	5783	6798	7702	6262
北京	1127	1202	1243	1325	1167
天津	1298	1444	1649	1631	1410
河北	2351	3137	3906	4746	3685
京津冀占比 /%	3.7	3.9	4.0	4.4	4.1
R&D 人员全时当量 / 人年					
全国	3 151 828	3 460 409	3 826 651	4 214 666	4 816 705
京津冀合计	166 022	177 736	174 301	215 902	245 134
北京	44 241	46 172	41 496	53 459	59 993
天津	45 685	45 227	49 404	51 110	56 539
河北	76 096	86 337	83 401	111 333	128 602
京津冀占比 /%	5.3	5.1	4.6	5.1	5.1

续表

项目	2019 年	2020 年	2021 年	2022 年	2023 年
R&D 经费内部支出 / 亿元					
全国	13 971	15 271	17 514	19 362	20 970
京津冀合计	937	1012	1135	1269	1440
北京	285	297	314	349	441
天津	213	229	251	285	296
河北	439	486	570	636	704
京津冀占比 /%	6.7	6.6	6.5	6.6	6.9
营业收入 / 亿元					
全国	1 067 397	1 083 658	1 314 557	1 333 214	1 360 317
京津冀合计	83 483	86 068	105 722	102 795	106 092
北京	23 419	23 849	28 745	27 714	28 951
天津	18 969	19 006	23 043	24 204	24 354
河北	41 095	43 213	53 934	50 877	52 787
京津冀占比 /%	7.8	7.9	8.0	7.7	7.8

表 4-2　京津冀规模以上工业企业生产经营情况（2023 年）

单位：亿元

地区	资产总计	营业收入	#新产品销售收入	利润总额
全国	1 720 756	1 360 317	341 334	82 897
京津冀合计	165 052	106 092	20 947	4465
北京	72 994	28 951	5648	1684
天津	26 842	24 354	4125	1501
河北	65 217	52 787	11 174	1280
京津冀占比 /%	9.6	7.8	6.1	5.4

表 4-3 京津冀规模以上工业企业 R&D 人员情况（2023 年）

地区	R&D 人员/人	#女性	R&D 人员全时当量/人年	#研究人员
全国	6 396 445	1 428 213	4 816 705	1 355 460
京津冀合计	349 160	81 974	245 134	80 777
北京	82 701	24 095	59 993	26 610
天津	75 301	17 868	56 539	20 280
河北	191 158	40 011	128 602	33 887
京津冀占比/%	5.5	5.7	5.1	6.0

表 4-4 京津冀规模以上工业企业 R&D 经费内部支出情况（2023 年）

单位：亿元

项目	全国	京津冀合计	北京	天津	河北	京津冀占比/%
R&D 经费内部支出	20 970	1440	441	296	704	6.9
#试验发展支出	20 375	1390	424	291	674	6.8
1. 按支出类别分						
日常性支出	19 443	1362	408	275	680	7.0
#人员劳务费	6657	439	191	99	149	6.6
资产性支出	1527	78	33	21	24	5.1
#仪器和设备	1491	76	33	20	22	5.1
2. 按资金来源分类						
政府资金	402	40	32	4	4	10.0
企业资金	20 517	1387	402	286	699	6.8
境外资金	31	8	6	2	0	25.8
其他资金	21	6	1	4	0	28.6

表 4-5 京津冀规模以上工业企业 R&D 经费外部支出情况（2023 年）

单位：亿元

地区	R&D 经费外部支出	#对境内研究机构支出	#对境内高等学校支出
全国	1407	382	81
京津冀合计	92	20	4
北京	48	13	1
天津	23	2	1
河北	20	5	2
京津冀占比 /%	6.5	5.3	5.0

表 4-6 京津冀规模以上工业企业办研发机构情况（2023 年）

地区	机构数 / 个	机构人员 / 人	#博士和硕士	机构经费支出 / 亿元	仪器和设备原价 / 亿元
全国	149 068	4 588 805	506 515	19 626	15 125
京津冀合计	6837	234 898	37 662	1245	828
北京	516	50 121	17 512	348	149
天津	637	40 195	7473	167	136
河北	5684	144 582	12 677	730	542
京津冀占比 /%	4.6	5.1	7.4	6.3	5.5

表 4-7 京津冀规模以上工业企业新产品开发和销售情况（2023 年）

地区	新产品开发项目数 / 项	新产品开发经费支出 / 亿元	新产品销售收入 / 亿元	#出口
全国	1 204 643	27 564	341 334	55 480
京津冀合计	75 473	1911	20 947	2638
北京	18 031	703	5648	898
天津	17 475	306	4125	639
河北	39 967	901	11 174	1101
京津冀占比 /%	6.3	6.9	6.1	4.8

表 4-8　京津冀规模以上工业企业专利情况（2023 年）

单位：件

地区	专利申请数	#发明专利	有效发明专利数
全国	1 565 960	613 602	2 227 602
京津冀合计	86 353	41 062	154 949
北京	31 980	20 643	80 347
天津	19 635	7249	30 392
河北	34 738	13 170	44 210
京津冀占比 /%	5.5	6.7	7.0

表 4-9　京津冀规模以上工业企业技术获取和技术改造情况（2023 年）

单位：亿元

地区	引进技术经费支出	消化吸收经费支出	购买境内技术经费支出	技术改造经费支出
全国	390	60	472	3332
京津冀合计	14	0	9	100
北京	11	0	1	9
天津	2	0	1	19
河北	1	0	6	72
京津冀占比 /%	3.5	0.0	1.8	3.0

第五部分

高等学校

表 5-1　京津冀高等学校基本情况（2019—2023 年）

项目	2019 年	2020 年	2021 年	2022 年	2023 年
R&D 人员全时当量 / 人年					
全国	565 478	614 763	671 766	725 882	837 236
京津冀合计	93 271	101 129	110 951	120 560	131 339
北京	63 119	68 308	73 760	83 037	93 481
天津	17 267	17 167	20 618	18 671	17 829
河北	12 885	15 654	16 573	18 852	20 029
京津冀占比 /%	16.5	16.5	16.5	16.6	15.7
R&D 经费内部支出 / 亿元					
全国	1797	1883	2180	2412	2753
京津冀合计	359	349	412	415	476
北京	281	262	292	312	366
天津	53	57	86	48	62
河北	25	30	34	55	48
京津冀占比 /%	20.0	18.5	18.9	17.2	17.3
R&D 课题数 / 项					
全国	1 188 769	1 288 633	1 436 251	1 539 845	1 701 829
京津冀合计	172 173	183 367	197 512	201 676	221 595
北京	115 571	122 153	130 853	133 210	148 260
天津	27 651	29 370	31 865	30 131	31 998
河北	28 951	31 844	34 794	38 335	41 337
京津冀占比 /%	14.5	14.2	13.8	13.1	13.0
发表科技论文 / 篇					
全国	1 447 336	1 493 932	1 577 932	1 657 992	1 707 581
京津冀合计	202 143	195 951	205 096	217 435	219 844
北京	131 118	126 570	132 144	140 824	147 332
天津	35 702	34 443	38 591	41 282	34 365
河北	35 323	34 938	34 361	35 329	38 147
京津冀占比 /%	14.0	13.1	13.0	13.1	12.9

续表

项目	2019 年	2020 年	2021 年	2022 年	2023 年
专利申请数 / 件					
全国	340 685	340 360	381 565	354 852	346 835
京津冀合计	35 588	33 828	36 979	35 336	39 180
北京	19 848	19 575	24 390	23 874	27 712
天津	9666	6875	5993	5067	5691
河北	6074	7378	6596	6395	5777
京津冀占比 /%	10.4	9.9	9.7	10.0	11.3
有效发明专利 / 件					
全国	414 032	492 903	600 653	729 348	1 440 318
京津冀合计	76 655	86 758	100 698	115 293	174 966
北京	59 498	66 823	77 715	89 152	124 442
天津	12 388	12 069	14 965	15 073	24 386
河北	4769	7866	8018	11 068	26 138
京津冀占比 /%	18.5	17.6	16.8	15.8	12.1

表 5-2　京津冀高等学校 R&D 人员情况（2023 年）

项目	全国	京津冀合计	北京	天津	河北	京津冀占比 /%
学校数 / 个	2822	276	92	56	128	9.8
教职工数 / 人	2 919 989	341 801	160 678	49 937	131 186	11.7
R&D 人员合计 / 人	1 855 250	270 669	177 088	38 734	54 847	14.6
# 女性	679 759	85 613	45 117	13 794	26 702	12.6
# 博士毕业	767 926	137 019	105 360	17 938	13 721	17.8
# 硕士毕业	707 548	84 399	41 529	14 682	28 188	11.9
# 本科毕业	348 805	45 001	27 030	5783	12 188	12.9
# 全时人员	757 347	121 419	90 043	15 958	15 418	16.0
R&D 人员全时当量 / 人年	837 236	131 339	93 481	17 829	20 029	15.7
# 研究人员	739 764	120 506	86 108	16 298	18 100	16.3
基础研究	404 340	55 864	39 569	7698	8597	13.8
应用研究	367 923	67 735	48 859	8154	10 722	18.4
试验发展	64 947	7740	5053	1977	710	11.9

表 5-3 京津冀高等学校 R&D 经费内部支出按活动类型分布情况（2023 年）

单位：亿元

地区	R&D 经费内部支出	基础研究	应用研究	试验发展
全国	2753	1139	1295	319
京津冀合计	476	168	261	47
北京	366	124	207	34
天津	62	27	29	7
河北	48	17	25	6
京津冀占比 /%	17.3	14.7	20.2	14.8

表 5-4 京津冀高等学校 R&D 经费内部支出按支出用途分布情况（2023 年）

单位：亿元

地区	R&D 经费内部支出	日常性支出	#人员劳务费	资产性支出	#仪器和设备支出
全国	2753	2224	725	530	374
京津冀合计	476	397	101	79	60
北京	366	318	79	48	41
天津	62	47	12	16	6
河北	48	32	10	15	12
京津冀占比 /%	17.3	17.9	14.0	14.9	15.9

表 5-5 京津冀高等学校 R&D 经费内部支出按经费来源分布情况（2023 年）

单位：亿元

地区	R&D 经费内部支出	政府资金	企业资金	国外资金	其他资金
全国	2753	1560	867	10	316
京津冀合计	476	282	140	5	50
北京	366	223	98	5	40
天津	62	35	22	0	5
河北	48	24	20	0	4
京津冀占比 /%	17.3	18.1	16.1	49.5	15.7

表 5-6 京津冀高等学校 R&D 课题情况（2023 年）

地区	R&D 课题数/项	投入人员/人年	投入经费/万元
全国	1 701 829	835 346	17 112 133
京津冀合计	221 595	129 569	3 538 427
北京	148 260	91 852	2 883 133
天津	31 998	17 691	413 138
河北	41 337	20 026	242 156
京津冀占比/%	13.0	15.5	20.7

表 5-7 京津冀高等学校科技产出情况（2023 年）

项目	全国	京津冀合计	北京	天津	河北	京津冀占比/%
发表科技论文/篇	1 707 581	219 844	147 332	34 365	38 147	12.9
#国外发表	851 635	118 262	85 568	18 337	14 357	13.9
出版科技著作/种	43 464	6435	4596	684	1155	14.8
专利申请数/件	346 835	39 180	27 712	5691	5777	11.3
#发明专利	254 978	33 118	24 694	4804	3620	13.0
有效发明专利/件	1 440 318	174 966	124 442	24 386	26 138	12.1
专利所有权转让及许可数/件	30 289	2742	1138	393	1211	9.1
专利所有权转让及许可收入/万元	3 890 123	742 691	591 403	103 103	48 185	19.1
形成国家或行业标准数/项	2045	351	295	15	41	17.2

第六部分

高技术产业

表 6-1 京津冀高技术产业基本情况（2019—2023 年）

项目	2019 年	2020 年	2021 年	2022 年	2023 年
企业数 / 个					
全国	35 833	40 194	45 646	50 074	52 878
京津冀合计	2014	2178	2362	2556	2626
北京	853	884	937	1019	1052
天津	491	549	585	598	621
河北	670	745	840	939	953
京津冀占比 /%	5.6	5.4	5.2	5.1	5.0
研发机构数 / 个					
全国	17 969	20 185	23 041	25 084	22 215
京津冀合计	608	704	788	997	757
北京	213	246	247	261	182
天津	102	137	159	169	118
河北	293	321	382	567	457
京津冀占比 /%	3.4	3.5	3.4	4.0	3.4
R&D 人员全时当量 / 人年					
全国	860 961	990 314	1 119 630	1 253 952	1 397 796
京津冀合计	42 162	46 830	48 985	60 052	70 792
北京	20 692	23 546	23 104	30 279	35 879
天津	11 493	12 365	15 586	15 758	18 045
河北	9977	10 919	10 295	14 015	16 868
京津冀占比 /%	4.9	4.7	4.4	4.8	5.1
R&D 经费内部支出 / 亿元					
全国	3804	4649	5685	6508	6960
京津冀合计	234	283	341	385	472
北京	147	158	212	221	304
天津	53	66	82	92	90
河北	34	59	47	72	78
京津冀占比 /%	6.2	6.1	6.0	5.9	6.8

续表

项目	2019 年	2020 年	2021 年	2022 年	2023 年
从业人员平均人数 / 人					
全国	12 880 355	13 866 556	14 668 409	14 872 175	14 345 710
京津冀合计	621 030	643 158	676 689	698 161	699 615
北京	257 393	256 474	271 513	296 714	307 424
天津	178 777	185 898	186 013	181 952	176 557
河北	184 860	200 786	219 163	219 495	215 634
京津冀占比 /%	4.8	4.6	4.6	4.7	4.9
营业收入 / 亿元					
全国	158 849	174 613	209 896	223 404	224 693
京津冀合计	10 146	11 222	15 813	13 968	14 247
北京	5850	6573	10 311	8141	8475
天津	2720	2937	3339	3477	3268
河北	1576	1712	2163	2350	2504
京津冀占比 /%	6.4	6.4	7.5	6.3	6.3
利润总额 / 亿元					
全国	10 504	12 394	18 435	15 589	14 750
京津冀合计	876	971	3125	1307	900
北京	522	555	2592	787	463
天津	165	200	264	255	216
河北	189	216	269	265	222
京津冀占比 /%	8.3	7.8	17.0	8.4	6.1

第六部分 高技术产业

表 6-2 京津冀高技术产业 R&D 相关情况（2023 年）

地区	有 R&D 活动的企业数 / 个	R&D 人员 / 人	#全时人员	#研究人员
全国	26 327	1 778 983	1 394 093	614 189
京津冀合计	1257	93 718	73 025	40 841
北京	557	47 515	36 597	22 277
天津	300	23 161	18 724	10 655
河北	400	23 042	17 704	7909
京津冀占比 /%	4.8	5.3	5.2	6.6

表 6-3 京津冀高技术产业新产品开发及销售情况（2023 年）

地区	新产品开发项目数 / 项	新产品开发经费支出 / 亿元	新产品销售收入 / 亿元	#出口
全国	281 742	9023	85 890	27 797
京津冀合计	20 091	622	4457	1280
北京	9625	445	2571	784
天津	4739	86	1044	344
河北	5727	90	842	151
京津冀占比 /%	7.1	6.9	5.2	4.6

表 6-4 京津冀高技术产业 R&D 经费情况（2023 年）

单位：亿元

地区	R&D 经费内部支出	#人员劳务费	#仪器和设备	#政府资金	#企业资金	R&D 经费外部支出
全国	6960	2767	626	216	6718	771
京津冀合计	472	188	36	31	432	69
北京	304	128	28	27	273	38
天津	90	39	6	2	82	17
河北	78	22	2	2	77	14
京津冀占比 /%	6.8	6.8	5.7	14.1	6.4	8.9

表 6-5　京津冀高技术产业专利情况（2023 年）

单位：件

地区	专利申请数	#发明专利	有效发明专利数
全国	444 950	237 589	892 210
京津冀合计	25 431	16 721	66 590
北京	17 038	12 380	49 879
天津	4276	2176	8842
河北	4117	2165	7869
京津冀占比 /%	5.7	7.0	7.5

表 6-6　京津冀高技术产业技术获取及技术改造情况（2023 年）

单位：万元

地区	技术引进经费支出	消化吸收经费支出	购买境内技术经费支出	技术改造经费支出
全国	1 544 325	68 673	2 159 626	6 261 224
京津冀合计	10 735	0	69 630	33 364
北京	10 677	0	9546	4678
天津	57	0	2179	8769
河北	0	0	57 905	19 917
京津冀占比 /%	0.7	0.0	3.2	0.5

表 6-7　京津冀高技术产业企业办研发机构情况（2023 年）

地区	有研发机构的企业数 /个	机构数 /个	机构人员 /人	机构经费支出 /亿元	#仪器和设备
全国	22 215	25 821	1 345 507	6207	3990
京津冀合计	757	975	56 956	351	164
北京	182	222	26 022	201	76
天津	118	157	13 787	67	35
河北	457	596	17 147	84	52
京津冀占比 /%	3.4	3.8	4.2	5.7	4.1

表 6-8 京津冀高技术产业投资增长情况（2023 年）

单位：%

地区	全部投资增长	国有	内资	港澳台投资	外商投资
全国	**9.9**	**21.0**	**12.0**	**-5.4**	**-0.7**
北京	-9.3	-6.4	-5.6	-38.4	-9.0
天津	-4.0	10.4	-6.2	-61.5	9.3
河北	41.1	127.0	51.2	22.1	-46.5

第七部分

企业创新

表 7-1 规模(限额)以上企业创新活动总体情况(2023 年)

项目	全国	京津冀水平	北京	天津	河北	京津冀占比 /%
企业数 /个	1 140 611	85 736	31 801	22 131	31 804	7.5
开展创新活动企业数 /个	468 718	31 435	13 125	5869	12 441	6.7
#实现创新企业	436 176	27 916	10 895	5386	11 635	6.4
#同时实现四种创新企业	70 905	4246	1470	784	1992	6.0
#既实现产品或工艺创新,也实现组织或营销创新的企业	187 521	11 985	4598	2300	5087	6.4
#实现产品或工艺创新,未实现组织或营销创新的企业	142 734	8456	3118	1518	3820	5.9
#实现组织或营销创新,未实现产品或工艺创新的企业	105 921	7475	3179	1568	2728	7.1
在全部企业中占比 /%						
开展创新活动企业	41.1	36.7	41.3	26.5	39.1	
#实现创新企业	38.2	32.6	34.3	24.3	36.6	
#同时实现四种创新企业	6.2	5.0	4.6	3.5	6.3	
#既实现产品或工艺创新,也实现组织或营销创新的企业	16.4	14.0	14.5	10.4	16.0	
#实现产品或工艺创新,未实现组织或营销创新的企业	12.5	9.9	9.8	6.9	12.0	
#实现组织或营销创新,未实现产品或工艺创新的企业	9.3	8.7	10.0	7.1	8.6	

表 7-2 规模以上工业企业创新活动总体情况(2023 年)

项目	全国	京津冀水平	北京	天津	河北	京津冀占比 /%
企业数 /个	481 332	26 551	3017	5756	17 778	5.5
开展创新活动企业数 /个	312 361	14 937	2334	3036	9567	4.8
#实现创新企业	289 424	13 761	2053	2782	8926	4.8
#同时实现四种创新企业	52 563	2498	304	474	1720	4.8
#既实现产品或工艺创新,也实现组织或营销创新的企业	139 534	6783	1025	1401	4357	4.9
#实现产品或工艺创新,未实现组织或营销创新的企业	118 673	5244	815	1033	3396	4.4
#实现组织或营销创新,未实现产品或工艺创新的企业	31 217	1734	213	348	1173	5.6

项目	全国	京津冀水平	北京	天津	河北	京津冀占比 /%
在全部企业中占比 /%						
开展创新活动企业	64.9	56.3	77.4	52.7	53.8	
#实现创新企业	60.1	51.8	68.0	48.3	50.2	
#同时实现四种创新企业	10.9	9.4	10.1	8.2	9.7	
#既实现产品或工艺创新，也实现组织或营销创新的企业	29.0	25.5	34.0	24.3	24.5	
#实现产品或工艺创新，未实现组织或营销创新的企业	24.7	19.8	27.0	17.9	19.1	
#实现组织或营销创新，未实现产品或工艺创新的企业	6.5	6.5	7.1	6.0	6.6	

表 7-3　资质等级以上建筑业企业创新活动总体情况（2023 年）

项目	全国	京津冀水平	北京	天津	河北	京津冀占比 /%
企业数 / 个	75 387	5997	2052	2138	1807	8.0
开展创新活动企业数 / 个	20 760	1526	646	448	432	7.4
#实现创新企业	19 648	1391	562	416	413	7.1
#同时实现四种创新企业	1989	135	59	37	39	6.8
#既实现产品或工艺创新，也实现组织或营销创新的企业	6598	486	216	147	123	7.4
#实现产品或工艺创新，未实现组织或营销创新的企业	4142	342	173	84	85	8.3
#实现组织或营销创新，未实现产品或工艺创新的企业	8908	563	173	185	205	6.3
在全部企业中占比 /%						
开展创新活动企业	27.5	25.4	31.5	21.0	23.9	
#实现创新企业	26.1	23.2	27.4	19.5	22.9	
#同时实现四种创新企业	2.6	2.3	2.9	1.7	2.2	
#既实现产品或工艺创新，也实现组织或营销创新的企业	8.8	8.1	10.5	6.9	6.8	
#实现产品或工艺创新，未实现组织或营销创新的企业	5.5	5.7	8.4	3.9	4.7	
#实现组织或营销创新，未实现产品或工艺创新的企业	11.8	9.4	8.4	8.7	11.3	

表 7-4 规模（限额）以上服务业企业创新活动总体情况（2023 年）

项目	全国	京津冀水平	北京	天津	河北	京津冀占比 /%
企业数 / 个	583 892	53 188	26 732	14 237	12 219	9.1
开展创新活动企业数 / 个	135 597	14 972	10 145	2385	2442	11.0
#实现创新企业	127 104	12 764	8280	2188	2296	10.0
#同时实现四种创新企业	16 353	1613	1107	273	233	9.9
#既实现产品或工艺创新，也实现组织或营销创新的企业	41 389	4716	3357	752	607	11.4
#实现产品或工艺创新，未实现组织或营销创新的企业	19 919	2870	2130	401	339	14.4
#实现组织或营销创新，未实现产品或工艺创新的企业	65 796	5178	2793	1035	1350	7.9
在全部企业中占比 /%						
开展创新活动企业	**23.2**	**28.1**	38.0	16.8	20.0	
#实现创新企业	**21.8**	**24.0**	31.0	15.4	18.8	
#同时实现四种创新企业	**2.8**	**3.0**	4.1	1.9	1.9	
#既实现产品或工艺创新，也实现组织或营销创新的企业	**7.1**	**8.9**	12.6	5.3	5.0	
#实现产品或工艺创新，未实现组织或营销创新的企业	**3.4**	**5.4**	8.0	2.8	2.8	
#实现组织或营销创新，未实现产品或工艺创新的企业	**11.3**	**9.7**	10.4	7.3	11.0	

表 7-5 规模以上高技术产业（制造业）创新活动总体情况（2023 年）

项目	全国	京津冀水平	北京	天津	河北	京津冀占比 /%
企业数 / 个	51 482	2489	961	598	930	4.8
开展创新活动企业数 / 个	43 489	2161	899	482	780	5.0
#实现创新企业	40 262	1929	786	445	698	4.8
#同时实现四种创新企业	9398	353	128	97	128	3.8
#既实现产品或工艺创新，也实现组织或营销创新的企业	23 451	1060	430	261	369	4.5
#实现产品或工艺创新，未实现组织或营销创新的企业	13 958	708	290	149	269	5.1
#实现组织或营销创新，未实现产品或工艺创新的企业	2853	161	66	35	60	5.6

续表

项目	全国	京津冀水平	北京	天津	河北	京津冀占比 /%
在全部企业中占比 /%						
开展创新活动企业	**84.5**	**86.8**	93.5	80.6	83.9	
#实现创新企业	**78.2**	**77.5**	81.8	74.4	75.1	
#同时实现四种创新企业	**18.3**	**14.2**	13.3	16.2	13.8	
#既实现产品或工艺创新，也实现组织或营销创新的企业	**45.6**	**42.6**	44.7	43.6	39.7	
#实现产品或工艺创新，未实现组织或营销创新的企业	**27.1**	**28.4**	30.2	24.9	28.9	
#实现组织或营销创新，未实现产品或工艺创新的企业	**5.5**	**6.5**	6.9	5.9	6.5	

表 7-6　规模（限额）以上企业产品和工艺创新分布情况（2023 年）

项目	全国	京津冀水平	北京	天津	河北	京津冀占比 /%
开展产品或工艺创新活动企业数 / 个	379 406	25 553	10 904	4535	10 114	**6.7**
#实现产品或工艺创新企业	330 255	20 441	7716	3818	8907	**6.2**
#实现产品创新企业	225 514	13 647	5257	2542	5848	**6.1**
#实现工艺创新企业	261 705	15 963	5740	3033	7190	**6.1**
未开展产品或工艺创新活动企业数 / 个	761 205	60 183	20 897	17 596	21 690	**7.9**
在全部企业中占比 /%						
开展产品或工艺创新活动企业	**33.3**	**29.8**	34.3	20.5	31.8	
#实现产品或工艺创新企业	**29.0**	**23.8**	24.3	17.3	28.0	
#实现产品创新企业	**19.8**	**15.9**	16.5	11.5	18.4	
#实现工艺创新企业	**22.9**	**18.6**	18.1	13.7	22.6	

表 7-7　规模以上工业企业产品和工艺创新分布情况（2023 年）

项目	全国	京津冀水平	北京	天津	河北	京津冀占比 /%
开展产品或工艺创新活动企业数 / 个	291 129	13 752	2257	2800	8695	4.7
#实现产品或工艺创新企业	258 207	12 027	1840	2434	7753	4.7
#实现产品创新企业	180 636	8299	1399	1708	5192	4.6
#实现工艺创新企业	203 407	9423	1268	1924	6231	4.6
未开展产品或工艺创新活动企业数 / 个	190 203	12 799	760	2956	9083	6.7
在全部企业中占比 /%						
开展产品或工艺创新活动企业	60.5	51.8	74.8	48.6	48.9	
#实现产品或工艺创新企业	53.6	45.3	61.0	42.3	43.6	
#实现产品创新企业	37.5	31.3	46.4	29.7	29.2	
#实现工艺创新企业	42.3	35.5	42.0	33.4	35.0	

表 7-8　资质等级以上建筑业企业产品和工艺创新分布情况（2023 年）

项目	全国	京津冀水平	北京	天津	河北	京津冀占比 /%
开展产品或工艺创新活动企业数 / 个	12 711	1048	512	289	247	8.2
#实现产品或工艺创新企业	10 740	828	389	231	208	7.7
#实现产品创新企业	5092	391	183	108	100	7.7
#实现工艺创新企业	9976	771	366	212	193	7.7
未开展产品或工艺创新活动企业数 / 个	62 676	4949	1540	1849	1560	7.9
在全部企业中占比 /%						
开展产品或工艺创新活动企业	16.9	17.5	25.0	13.5	13.7	
#实现产品或工艺创新企业	14.2	13.8	19.0	10.8	11.5	
#实现产品创新企业	6.8	6.5	8.9	5.1	5.5	
#实现工艺创新企业	13.2	12.9	17.8	9.9	10.7	

表 7-9　规模（限额）以上服务业企业产品和工艺创新分布情况（2023 年）

项目	全国	京津冀水平	北京	天津	河北	京津冀占比 /%
开展产品或工艺创新活动企业数 / 个	75 566	10 753	8135	1446	1172	14.2
#实现产品或工艺创新企业	61 308	7586	5487	1153	946	12.4
#实现产品创新企业	39 786	4957	3675	726	556	12.5
#实现工艺创新企业	48 322	5769	4106	897	766	11.9
未开展产品或工艺创新活动企业数 / 个	508 326	42 435	18 597	12 791	11 047	8.3
在全部企业中占比 /%						
开展产品或工艺创新活动企业	12.9	20.2	30.4	10.2	9.6	
#实现产品或工艺创新企业	10.5	14.3	20.5	8.1	7.7	
#实现产品创新企业	6.8	9.3	13.7	5.1	4.6	
#实现工艺创新企业	8.3	10.8	15.4	6.3	6.3	

表 7-10　规模以上高技术产业（制造业）产品和工艺创新分布情况（2023 年）

项目	全国	京津冀水平	北京	天津	河北	京津冀占比 /%
开展产品或工艺创新活动企业数 / 个	42 385	2118	893	469	756	5.0
#实现产品或工艺创新企业	37 409	1768	720	410	638	4.7
#实现产品创新企业	28 361	1340	570	317	453	4.7
#实现工艺创新企业	29 276	1307	486	319	502	4.5
未开展产品或工艺创新活动企业数 / 个	9097	371	68	129	174	4.1
在全部企业中占比 /%						
开展产品或工艺创新活动企业	82.3	85.1	92.9	78.4	81.3	
#实现产品或工艺创新企业	72.7	71.0	74.9	68.6	68.6	
#实现产品创新企业	55.1	53.8	59.3	53.0	48.7	
#实现工艺创新企业	56.9	52.5	50.6	53.3	54.0	

表 7-11 规模（限额）以上企业产品创新开发情况（2023 年）

项目	全国	京津冀水平	北京	天津	河北
实现产品创新企业数 / 个	225 514	13 647	5257	2542	5848
在实现产品创新企业中占比 /%					
本企业独立开发或与集团内企业合作开发	85.6	87.1	86.6	84.5	88.7
本企业与境内其他企业合作开发	9.4	11.9	18.2	13.2	5.7
本企业与境内研究机构或高等学校合作开发	7.0	6.9	8.9	7.2	4.9
本企业与境外企业或机构合作开发	1.5	1.3	1.8	1.7	0.8
在其他单位开发的基础上调整或改进，或委托其他企业或机构代开发	7.5	7.4	9.8	7.6	5.2
其他	6.7	5.7	4.1	6.2	6.9

表 7-12 规模以上工业企业产品创新开发情况（2023 年）

项目	全国	京津冀水平	北京	天津	河北
实现产品创新企业数 / 个	180 636	8299	1399	1708	5192
在实现产品创新企业中占比 /%					
本企业独立开发或与集团内企业合作开发	89.5	91.6	91.6	91.7	91.5
本企业与境内其他企业合作开发	7.3	7.0	13.7	9.5	4.4
本企业与境内研究机构或高等学校合作开发	6.4	5.4	7.4	5.9	4.7
本企业与境外企业或机构合作开发	1.3	1.1	1.9	1.8	0.7
在其他单位开发的基础上调整或改进，或委托其他企业或机构代开发	5.1	4.1	5.3	4.2	3.8
其他	4.9	4.4	1.9	3.4	5.3

表 7-13　资质等级以上建筑业企业产品创新开发情况（2023 年）

项目	全国	京津冀水平	北京	天津	河北
实现产品创新企业数 / 个	5092	**391**	183	108	100
在实现产品创新企业中占比 /%					
本企业独立开发或与集团内企业合作开发	65.7	**74.2**	82.0	67.6	67.0
本企业与境内其他企业合作开发	18.4	**24.3**	27.9	23.1	19.0
本企业与境内研究机构或高等学校合作开发	13.7	**19.2**	22.4	16.7	16.0
本企业与境外企业或机构合作开发	1.7	**2.0**	2.2	1.9	2.0
在其他单位开发的基础上调整或改进，或委托其他企业或机构代开发	23.1	**18.2**	18.0	17.6	19.0
其他	15.9	**11.3**	4.9	13.9	20.0

表 7-14　规模（限额）以上服务业企业产品创新开发情况（2023 年）

项目	全国	京津冀水平	北京	天津	河北
实现产品创新企业数 / 个	**39 786**	**4957**	3675	726	556
在实现产品创新企业中占比 /%					
本企业独立开发或与集团内企业合作开发	**70.5**	**80.7**	84.9	70.0	66.5
本企业与境内其他企业合作开发	**17.8**	**19.1**	19.4	20.5	14.9
本企业与境内研究机构或高等学校合作开发	**8.4**	**8.4**	8.8	9.0	4.9
本企业与境外企业或机构合作开发	**2.2**	**1.6**	1.7	1.4	1.6
在其他单位开发的基础上调整或改进，或委托其他企业或机构代开发	**16.1**	**12.1**	11.1	14.2	16.0
其他	**13.5**	**7.4**	4.9	11.6	18.9

表 7-15 规模以上高技术产业（制造业）产品创新开发情况（2023 年）

项目	全国	京津冀水平	北京	天津	河北
实现产品创新企业数 / 个	28 361	1340	570	317	453
在实现产品创新企业中占比 /%					
本企业独立开发或与集团内企业合作开发	90.0	90.5	91.1	91.8	89.0
本企业与境内其他企业合作开发	10.4	12.6	15.1	14.2	8.4
本企业与境内研究机构或高等学校合作开发	8.1	7.7	6.8	9.5	7.5
本企业与境外企业或机构合作开发	1.6	1.9	2.5	2.5	0.7
在其他单位开发的基础上调整或改进，或委托其他企业或机构代开发	5.1	4.2	5.1	3.8	3.3
其他	4.0	3.3	2.5	1.6	5.5

表 7-16 规模（限额）以上企业工艺创新开发情况（2023 年）

项目	全国	京津冀水平	北京	天津	河北
实现工艺创新企业数 / 个	261 705	15 963	5740	3033	7190
在实现工艺创新企业中占比 /%					
本企业独立开发或与集团内企业合作开发	75.8	75.8	72.3	72.2	80.0
本企业与境内其他企业合作开发	11.6	13.4	19.4	15.5	7.7
本企业与境内研究机构或高等学校合作开发	6.5	6.0	7.1	7.2	4.7
本企业与境外企业或机构合作开发	1.2	1.0	1.3	1.0	0.7
在其他单位开发的基础上调整或改进，或委托其他企业或机构代开发	13.3	14.8	20.3	15.6	10.2
其他	9.6	8.5	6.8	9.5	9.5

表 7-17 规模以上工业企业工艺创新开发情况（2023年）

项目	全国	京津冀水平	北京	天津	河北
实现工艺创新企业数 / 个	203 407	9423	1268	1924	6231
在实现工艺创新企业中占比 /%					
本企业独立开发或与集团内企业合作开发	81.0	82.5	79.6	80.5	83.7
本企业与境内其他企业合作开发	10.0	9.5	17.4	13.0	6.8
本企业与境内研究机构或高等学校合作开发	6.2	5.0	6.2	6.4	4.3
本企业与境外企业或机构合作开发	1.1	0.8	1.4	1.1	0.6
在其他单位开发的基础上调整或改进，或委托其他企业或机构代开发	10.0	9.6	13.9	11.2	8.2
其他	7.5	7.1	4.7	6.5	7.8

表 7-18 资质等级以上建筑业企业工艺创新开发情况（2023年）

项目	全国	京津冀水平	北京	天津	河北
实现工艺创新企业数 / 个	9976	771	366	212	193
在实现工艺创新企业中占比 /%					
本企业独立开发或与集团内企业合作开发	58.8	67.3	75.1	61.8	58.5
本企业与境内其他企业合作开发	14.5	16.9	18.9	20.3	9.3
本企业与境内研究机构或高等学校合作开发	11.0	14.5	15.0	13.2	15.0
本企业与境外企业或机构合作开发	1.3	0.9	1.4	0.5	0.5
在其他单位开发的基础上调整或改进，或委托其他企业或机构代开发	25.2	22.6	22.4	25.9	19.2
其他	18.9	13.7	9.3	13.7	22.3

表 7-19 规模（限额）以上服务业企业工艺创新开发情况（2023 年）

项目	全国	京津冀水平	北京	天津	河北
实现工艺创新企业数 / 个	48 322	5769	4106	897	766
在实现工艺创新企业中占比 /%					
本企业独立开发或与集团内企业合作开发	57.8	65.9	69.8	56.9	55.2
本企业与境内其他企业合作开发	17.5	19.4	20.1	19.7	15.4
本企业与境内研究机构或高等学校合作开发	6.4	6.6	6.7	7.2	5.0
本企业与境外企业或机构合作开发	1.7	1.2	1.2	0.9	1.6
在其他单位开发的基础上调整或改进，或委托其他企业或机构代开发	24.3	22.4	22.1	22.7	23.6
其他	16.6	10.1	7.2	14.9	20.0

表 7-20 规模以上高技术产业（制造业）工艺创新开发情况（2023 年）

项目	全国	京津冀水平	北京	天津	河北
实现工艺创新企业数 / 个	29 276	1307	486	319	502
在实现工艺创新企业中占比 /%					
本企业独立开发或与集团内企业合作开发	81.6	80.7	81.1	79.0	81.5
本企业与境内其他企业合作开发	13.9	14.9	16.7	18.2	11.2
本企业与境内研究机构或高等学校合作开发	8.0	5.7	4.5	7.5	5.8
本企业与境外企业或机构合作开发	1.5	1.8	2.3	2.8	0.6
在其他单位开发的基础上调整或改进，或委托其他企业或机构代开发	11.1	10.6	13.8	10.0	7.8
其他	6.4	5.3	4.7	4.1	6.6

表 7-21 规模（限额）以上企业新产品情况（2023年）

项目	全国	京津冀水平	北京	天津	河北
实现产品创新企业数/个	225 514	13 647	5257	2542	5848
在实现产品创新企业中占比/%					
有市场新产品的企业	55.5	51.5	51.6	56.3	49.4
有本企业新产品的企业	100.0	100.0	100.0	100.0	100.0
新产品销售收入/亿元	521 619	50 366	27 489	7757	15 120
新产品销售收入占营业收入的比重/%	16.9	14.4	15.1	9.6	17.4
仅市场新的产品	6.0	4.5	5.0	3.2	4.5
仅本企业新的产品	11.0	9.9	10.1	6.4	12.8

表 7-22 规模以上工业企业新产品情况（2023年）

项目	全国	京津冀水平	北京	天津	河北
实现产品创新企业数/个	180 636	8299	1399	1708	5192
在实现产品创新企业中占比/%					
有国际市场新产品的企业	18.8	15.2	15.7	19.6	13.6
有国内市场新产品的企业	56.4	53.1	60.5	59.1	49.1
有本企业新产品的企业	100.0	100.0	100.0	100.0	100.0
新产品销售收入/亿元	341 310	20 946	5649	4125	11 173
新产品销售收入占营业收入的比重/%	25.3	20.0	20.2	17.1	21.2
仅国际市场新的产品	2.6	1.0	0.9	1.8	0.8
仅国内市场新的产品	7.2	5.8	11.0	4.8	3.4
仅本企业新的产品	15.6	13.2	8.3	10.5	17.0

表 7-23　资质等级以上建筑业企业新产品情况（2023 年）

项目	全国	京津冀水平	北京	天津	河北
实现产品创新企业数 / 个	5092	391	183	108	100
在实现产品创新企业中占比 /%					
有市场新产品的企业	58.3	61.6	65.6	58.3	58.0
有本企业新产品的企业	100.0	100.0	100.0	100.0	100.0
新产品销售收入 / 亿元	69 958	9453	6611	1268	1574
新产品销售收入占营业收入的比重 /%	28.2	33.7	37.6	25.5	28.7
仅市场新的产品	8.6	9.3	9.9	7.0	9.5
仅本企业新的产品	19.7	24.4	27.7	18.5	19.2

表 7-24　规模（限额）以上服务业企业新产品情况（2023 年）

项目	全国	京津冀水平	北京	天津	河北
实现产品创新企业数 / 个	39 786	4957	3675	726	556
在实现产品创新企业中占比 /%					
有市场新产品的企业	50.9	48.2	47.6	49.3	50.7
有本企业新产品的企业	100.0	100.0	100.0	100.0	100.0
新产品销售收入 / 亿元	110 350	19 966	15 230	2364	2373
新产品销售收入占营业收入的比重 /%	7.4	9.2	11	5	8
仅市场新的产品	2.1	2.7	3.0	1.2	4.2
仅本企业新的产品	5.4	6.5	8.2	3.3	4.0

表 7–25　规模以上高技术产业（制造业）新产品情况（2023 年）

项目	全国	京津冀水平	北京	天津	河北
实现产品创新企业数 / 个	28 361	1340	570	317	453
在实现产品创新企业中占比 /%					
有国际市场新产品的企业	24.2	17.5	18.1	20.5	14.8
有国内市场新产品的企业	63.1	59.3	62.5	65.0	51.2
有本企业新产品的企业	100.0	100.0	100.0	100.0	100.0
新产品销售收入 / 亿元	85 883	4457	2571	1044	842
新产品销售收入占营业收入的比重 /%	39.7	40.0	32.9	33.4	38.6
仅国际市场新的产品	8.4	2.8	1.3	7.8	1.2
仅国内市场新的产品	11.0	16.5	21.3	11.1	7.2
仅本企业新的产品	20.3	14.6	10.3	14.5	30.2

表 7–26　资质等级以上建筑业企业工艺创新新颖度类别情况（2023 年）

项目	全国	京津冀水平	北京	天津	河北
实现工艺创新企业数 / 个	9976	771	366	212	193
在实现工艺创新企业中占比 /%					
有市场新工艺的企业	47.7	49.0	49.7	50.9	45.6
有本企业新工艺的企业	100.0	100.0	100.0	100.0	100.0
工艺创新贡献的营业收入 / 亿元	102 763	12 639	8421	2173	2045
工艺创新贡献的营业收入占营业收入的比重 /%	41.5	45.1	47.9	43.7	37.3
仅市场新的工艺	10.8	11.6	12.8	10.2	8.8
仅本企业新的工艺	30.6	33.5	35.1	33.5	28.4

表 7-27　规模（限额）以上企业产品或工艺创新活动类型情况（2023 年）

项目	全国	京津冀水平	北京	天津	河北
开展产品或工艺创新活动企业数/个	379 406	25 553	10 904	4535	10 114
在开展产品或工艺创新活动企业中占比/%					
内部研发	47.9	38.8	34.0	46.7	40.4
外部研发	7.2	8.7	11.7	9.4	5.2
获得机器设备和软件	69.1	52.0	33.4	51.8	72.2
从外部获得相关技术	3.1	4.6	7.3	4.6	1.8
相关培训	30.5	32.5	33.5	37.2	29.2
市场推介	13.5	14.4	16.4	15.8	11.7
相关设计	14.5	12.2	12.0	14.0	11.6
其他创新活动	19.8	22.7	25.7	26.7	17.6

表 7-28　规模以上工业企业产品或工艺创新活动类型情况（2023 年）

项目	全国	京津冀水平	北京	天津	河北
开展产品或工艺创新活动企业数/个	291 129	13 752	2257	2800	8695
在开展产品或工艺创新活动企业中占比/%					
内部研发	51.9	45.2	49.5	50.4	42.4
外部研发	6.1	7.0	14.5	8.6	4.5
获得机器设备和软件	83.5	79.2	86.7	70.6	80.1
从外部获得相关技术	0.9	0.8	1.8	1.0	0.5
相关培训	28.4	31.7	39.7	37.5	27.8
市场推介	13.1	15.0	24.8	18.0	11.5
相关设计	15.9	15.3	23.4	18.6	12.2
其他创新活动	19.2	22.2	34.7	28.7	16.8

表 7-29 资质等级以上建筑业企业产品或工艺创新活动类型情况（2023 年）

项目	全国	京津冀水平	北京	天津	河北
开展产品或工艺创新活动企业数 / 个	12 711	1048	512	289	247
在开展产品或工艺创新活动企业中占比 /%					
内部研发	40.8	43.3	40.0	52.2	39.7
外部研发	9.8	11.0	11.1	12.1	9.3
获得机器设备和软件	28.4	27.6	27.3	24.2	32.0
从外部获得相关技术	12.7	11.9	11.5	12.1	12.6
相关培训	42.8	44.1	45.5	44.3	40.9
市场推介	9.3	10.4	9.8	10.4	11.7
相关设计	5.7	6.1	6.3	4.2	8.1
其他创新活动	25.9	28.7	28.1	27.0	32.0

表 7-30 规模（限额）以上服务业企业产品或工艺创新活动类型情况（2023 年）

项目	全国	京津冀水平	北京	天津	河北
开展产品或工艺创新活动企业数 / 个	75 566	10 753	8135	1446	1172
在开展产品或工艺创新活动企业中占比 /%					
内部研发	33.5	30.2	29.3	38.6	25.5
外部研发	10.9	10.7	10.9	10.3	9.4
获得机器设备和软件	20.7	19.6	19.0	21.0	22.4
从外部获得相关技术	9.9	8.9	8.5	10.1	9.6
相关培训	36.7	32.3	31.1	35.4	37.0
市场推介	15.8	14.2	14.5	12.7	13.3
相关设计	11.0	8.8	9.2	6.9	7.9
其他创新活动	21.4	22.7	23.0	22.9	20.2

表 7-31 规模以上高技术产业（制造业）产品或工艺创新活动类型情况（2023 年）

项目	全国	京津冀水平	北京	天津	河北
开展产品或工艺创新活动企业数 / 个	42 385	2118	893	469	756
在开展产品或工艺创新活动企业中占比 /%					
内部研发	62.0	57.6	58.1	64.0	52.9
外部研发	13.7	18.5	21.8	19.2	14.2
获得机器设备和软件	87.9	83.9	88.4	72.9	85.5
从外部获得相关技术	1.7	2.1	2.2	1.9	2.0
相关培训	37.7	41.2	43.7	46.5	34.9
市场推介	19.5	23.6	28.4	25.8	16.4
相关设计	22.8	23.3	26.4	27.7	16.8
其他创新活动	27.2	33.6	38.0	38.8	25.1

表 7-32 规模以上工业企业创新费用支出情况（2023 年）

项目	全国	京津冀水平	北京	天津	河北	京津冀占比 /%
创新费用支出合计 / 亿元	32 594	2118	664	393	1061	6.5
内部研发经费支出	20 876	1406	407	296	704	6.7
所占比重 /%	64.1	66.4	61.3	75.4	66.3	
外部研发经费支出	1388	78	34	23	20	5.6
所占比重 /%	4.3	3.7	5.2	5.8	1.9	
获得机器设备和软件经费支出	9467	612	211	71	330	6.5
所占比重 /%	29.0	28.9	31.7	18.0	31.1	
从外部获取相关技术经费支出	862	22	12	3	7	2.6
所占比重 /%	2.6	1.1	1.9	0.8	0.7	

表 7-33　规模以上高技术产业（制造业）创新费用支出情况（2023年）

项目	全国	京津冀水平	北京	天津	河北	京津冀占比 /%
创新费用支出合计 / 亿元	10 222	634	404	115	115	6.2
内部研发经费支出	6911	445	277	90	78	6.4
所占比重 /%	67.6	70.1	68.5	77.9	68.1	
外部研发经费支出	757	55	24	17	14	7.3
所占比重 /%	7.4	8.7	6.0	14.5	12.4	
获得机器设备和软件经费支出	2183	126	101	9	17	5.8
所占比重 /%	21.4	19.9	25.0	7.4	14.4	
从外部获取相关技术经费支出	370	8	2	0	6	2.2
所占比重 /%	3.6	1.3	0.5	0.2	5.0	

表 7-34　规模（限额）以上企业创新信息来源情况（2023年）

项目	全国	京津冀水平	北京	天津	河北
开展产品或工艺创新活动企业数 / 个	468 718	31 435	13 125	5869	12 441
在开展产品或工艺创新活动企业中占比 /%					
企业内部信息或企业集团内部消息	34.7	38.0	40.9	40.0	33.9
来自高等学校或研究机构的信息	9.0	9.6	10.1	9.4	9.3
来自政府部门或行业协会的信息	23.0	26.5	30.0	25.4	23.4
来自设备、原材料、组件或软件供应商的信息	19.7	17.0	14.0	19.7	18.9
来自客户或消费者的信息	40.6	42.2	45.5	44.0	37.9
来自竞争对手、同行业其他企业的信息	27.0	28.1	32.6	28.6	23.2
来自咨询机构、市场分析及中介机构的信息	9.1	9.7	11.8	10.0	7.4
来自商品交易展会、展览会的信息，或来自文献期刊、出版物的信息或互联网媒体的信息	17.4	17.5	17.0	19.4	17.2
其他	3.5	3.4	2.6	4.1	3.9

表7-35 规模以上工业企业创新信息来源情况（2023年）

项目	全国	京津冀水平	北京	天津	河北
开展产品或工艺创新活动企业数/个	312 361	14 937	2334	3036	9567
在开展产品或工艺创新活动企业中占比/%					
企业内部信息或企业集团内部消息	35.2	37.3	43.4	42.0	34.3
来自高等学校或研究机构的信息	9.9	10.7	12.6	10.9	10.1
来自政府部门或行业协会的信息	20.2	23.0	27.9	22.1	22.1
来自设备、原材料、组件或软件供应商的信息	21.9	21.0	18.7	23.8	20.7
来自客户或消费者的信息	41.2	42.6	51.2	48.8	38.6
来自竞争对手、同行业其他企业的信息	25.8	26.4	36.3	29.9	22.9
来自咨询机构、市场分析及中介机构的信息	7.7	7.2	9.6	7.6	6.5
来自商品交易展会、展览会的信息，或来自文献期刊、出版物的信息或互联网媒体的信息	18.8	20.2	23.8	22.5	18.6
其他	2.9	3.1	1.5	3.5	3.4

表7-36 规模（限额）以上企业创新合作开展情况（2023年）

项目	全国	京津冀水平	北京	天津	河北
开展创新合作的企业数/个	269 588	17 780	8111	3564	6105
创新合作企业占全部企业的比重/%	23.6	20.7	25.5	16.1	19.2
在创新合作企业中，与下列伙伴开展合作的企业占比(%)					
集团内其他企业	35.5	41.2	46.9	41.9	33.2
高等学校	28.1	29.0	29.7	26.8	29.3
研究机构	14.8	16.9	18.9	14.0	15.9
政府部门或行业协会	19.9	20.3	23.5	17.6	17.4
供应商	37.3	32.5	29.1	36.0	35.1
客户或消费者	46.1	41.6	41.1	44.0	41.0
竞争对手或同行业企业	21.1	18.9	19.5	19.1	18.0
咨询顾问、市场分析及中介机构	18.2	16.3	17.6	16.0	14.8
其他合作对象	15.5	14.6	14.2	13.7	15.6

表 7-37　规模以上工业企业创新合作开展情况（2023 年）

项目	全国	京津冀水平	北京	天津	河北
开展创新合作的企业数/个	177 356	7999	1576	1843	4580
创新合作企业占全部企业的比重/%	36.8	30.1	52.2	32.0	25.8
在创新合作企业中，与下列伙伴开展合作的企业占比/%					
集团内其他企业	34.6	37.7	47.9	42.1	32.4
高等学校	31.3	33.6	38.8	32.9	32.2
研究机构	16.8	19.6	28.4	15.8	18.1
政府部门或行业协会	16.6	15.7	19.6	15.2	14.6
供应商	41.0	38.4	34.6	42.9	37.9
客户或消费者	46.5	41.5	40.2	46.0	40.1
竞争对手或同行业企业	19.1	16.8	16.4	16.8	17.0
咨询顾问、市场分析及中介机构	17.3	14.0	13.5	14.4	13.9
其他合作对象	13.2	12.6	10.2	11.4	13.9

表 7-38　规模（限额）以上企业创新合作伙伴情况（2023 年）

项目	全国	京津冀水平	北京	天津	河北
开展创新合作的企业数/个	269 588	17 780	8111	3564	6105
在创新合作企业中，下列合作伙伴对企业创新有较大价值的企业占比/%					
集团内其他企业	31.0	36.3	41.2	37.1	29.3
高等学校	24.0	25.0	24.9	23.0	26.1
研究机构	11.9	13.5	14.7	11.0	13.4
政府部门或行业协会	16.8	16.9	19.6	14.6	14.5
供应商	31.7	27.0	23.5	30.2	29.8
客户或消费者	42.2	37.6	37.0	40.0	37.1
竞争对手或同行业企业	16.8	14.6	15.1	14.5	14.0
咨询顾问、市场分析及中介机构	13.8	12.1	12.8	11.9	11.2
其他合作对象	11.8	11.4	11.0	10.9	12.3

表 7-39 规模以上工业企业创新合作伙伴情况（2023 年）

项目	全国	京津冀水平	北京	天津	河北
开展创新合作的企业数 / 个	177 356	7999	1576	1843	4580
在创新合作企业中，下列合作伙伴对企业创新有较大价值的企业占比 /%					
集团内其他企业	30.3	33.3	41.9	37.4	28.8
高等学校	27.0	29.6	32.9	28.3	29.0
研究机构	13.8	16.3	23.4	12.4	15.4
政府部门或行业协会	13.6	12.6	15.8	11.5	12.0
供应商	35.1	32.3	28.1	35.9	32.3
客户或消费者	42.7	37.4	35.8	42.1	36.0
竞争对手或同行业企业	15.1	12.7	12.2	12.1	13.2
咨询顾问、市场分析及中介机构	12.9	10.1	9.3	9.7	10.5
其他合作对象	9.9	9.9	8.1	8.5	11.1

表 7-40 规模（限额）以上企业产学研合作形式情况（2023 年）

项目	全国	京津冀水平	北京	天津	河北
开展产学研合作的企业数 / 个	88 748	6124	2894	1113	2117
在创新合作企业中产学研合作企业占比 /%	32.9	34.4	35.7	31.2	34.7
在产学研合作企业中，以下列为主要合作形式的企业占比 /%					
建立或参与创新联合体	20.7	20.1	21.6	20.4	17.8
合作共同完成科研项目	66.2	70.4	74.3	71.5	64.4
合作建立研发机构	18.0	16.2	13.1	15.8	20.5
开展联合人才培养	34.6	32.0	29.9	32.4	34.6
聘用高等学校或研究机构人员到企业兼职	18.8	14.0	12.5	15.6	15.0
转化或实施知识产权产品或其他科研成果	16.7	17.0	17.8	16.7	16.1
使用科研场所或设备	10.6	12.7	14.0	12.4	11.1
使用检验检测等科研辅助服务	15.0	15.7	16.8	16.6	13.9
其他形式	12.6	10.6	8.8	10.2	13.2

表 7-41　规模以上工业企业产学研合作形式情况（2023 年）

项目	全国	京津冀水平	北京	天津	河北
开展产学研合作的企业数 / 个	65 802	3249	784	698	1767
在创新合作企业中产学研合作企业占比 /%	37.1	40.6	49.7	37.9	38.6
在产学研合作企业中，以下列为主要合作形式的企业占比 /%					
建立或参与创新联合体	18.9	16.8	16.8	16.3	17.0
合作共同完成科研项目	67.3	69.3	76.5	71.8	65.1
合作建立研发机构	18.5	18.1	12.9	15.9	21.2
开展联合人才培养	32.8	31.0	28.1	28.9	33.1
聘用高等学校或研究机构人员到企业兼职	19.2	15.1	12.6	16.6	15.5
转化或实施知识产权产品或其他科研成果	16.8	16.9	17.9	18.3	15.8
使用科研场所或设备	10.9	12.6	15.2	13.6	11.1
使用检验检测等科研辅助服务	16.2	17.3	21.8	19.8	14.4
其他形式	12.1	11.0	8.0	9.2	13.0

表 7-42　规模（限额）以上企业创新活动阻碍因素情况（2023 年）

项目	全国	京津冀水平	北京	天津	河北
在全部企业中，下列各项是创新主要阻碍因素的企业占比 /%					
缺乏内部资金	10.2	9.0	9.8	8.8	8.3
缺乏风险投资	6.6	5.7	6.0	5.2	5.6
缺乏银行贷款	6.9	6.4	6.3	6.4	6.6
创新成本过高	22.3	20.2	24.4	17.2	18.3
缺乏人才或人才流失	25.8	23.4	24.4	18.6	25.8
缺乏技术信息	16.6	14.3	13.5	11.3	17.1
缺乏市场信息	10.3	10.2	10.4	9.4	10.6
难以找到创新合作伙伴	5.8	5.4	6.4	4.8	4.7
市场已被占领	3.2	3.1	3.7	2.9	2.6
不能确定市场需求	11.9	11.8	13.8	9.9	11.1
创新成果易被低成本模仿	4.8	4.0	4.5	3.4	3.9
没有创新的必要	12.4	15.3	18.2	16.7	11.5

表 7-43　规模以上工业企业创新活动阻碍因素情况（2023 年）

项目	全国	京津冀水平	北京	天津	河北
在全部企业中，下列各项是创新主要阻碍因素的企业占比 /%					
缺乏内部资金	11.1	9.0	9.2	9.8	8.7
缺乏风险投资	7.4	6.3	7.7	5.5	6.4
缺乏银行贷款	8.3	7.8	7.7	7.4	7.9
创新成本过高	30.1	26.3	41.2	27.9	23.3
缺乏人才或人才流失	35.3	32.6	43.2	29.6	31.8
缺乏技术信息	23.0	21.2	22.0	17.9	22.1
缺乏市场信息	11.8	12.0	13.5	11.0	12.0
难以找到创新合作伙伴	6.4	5.5	8.2	5.6	5.1
市场已被占领	3.1	2.9	4.4	3.4	2.5
不能确定市场需求	15.1	14.4	20.3	14.1	13.5
创新成果易被低成本模仿	7.9	6.9	11.5	8.0	5.7
没有创新的必要	7.7	8.9	10.3	9.7	8.4

表 7-44　规模（限额）以上企业知识产权及相关情况（2023 年）

项目	全国	京津冀水平	北京	天津	河北
采取了知识产权保护或相关措施的企业数 / 个	484 277	33 413	13 143	7020	13 250
采取了知识产权保护或相关措施的企业占全部企业的比重 /%	42.5	39.0	41.3	31.7	41.7
在全部企业中，采取下列知识产权保护或相关措施的企业占比 /%					
申请了发明专利	8.7	8.8	11.4	5.5	8.4
申请了实用新型或外观设计专利	11.8	9.4	9.3	8.1	10.4
申请了注册商标	8.7	8.1	9.7	5.0	8.7
进行了版权登记	2.9	4.3	8.4	2.3	1.7
形成了国家或行业技术标准	4.4	4.4	4.9	3.5	4.4
对技术秘密进行内部保护	9.0	8.2	9.5	7.0	7.6
应用了难以复制的复杂技术	2.1	1.8	1.9	1.3	2.0
发挥了时间上的先发优势	13.2	11.2	9.6	11.0	12.8
年末拥有有效发明专利数 / 件	3 015 547	473 838	379 245	42 872	51 721

表 7-45　规模以上工业企业知识产权及相关情况（2023 年）

项目	全国	京津冀水平	北京	天津	河北
采取了知识产权保护或相关措施的企业数 / 个	300 551	15 344	2212	3201	9931
采取了知识产权保护或相关措施的企业占全部企业的比重 /%	62.4	57.8	73.3	55.6	55.9
在全部企业中，采取下列知识产权保护或相关措施的企业占比 /%					
申请了发明专利	17.1	16.5	36.9	15.0	13.5
申请了实用新型或外观设计专利	24.7	20.9	38.8	24.1	16.8
申请了注册商标	13.3	13.0	16.7	10.3	13.3
进行了版权登记	3.1	3.0	8.4	3.5	2.0
形成了国家或行业技术标准	7.0	7.2	12.8	7.5	6.2
对技术秘密进行内部保护	15.2	13.8	24.5	16.3	11.1
应用了难以复制的复杂技术	3.4	3.1	4.6	2.5	3.0
发挥了时间上的先发优势	13.8	12.1	10.4	10.3	13.0
年末拥有有效发明专利数 / 件	2 225 626	154 939	80 347	30 392	44 200
对主要的主营产品拥有品牌所有权的企业占全部企业的比重 /%	33.2	35.8	54.6	33.5	33.4
#该品牌由本企业独立开发的企业占全部企业的比重	30.7	33.1	51.4	30.1	30.9

表 7-46　规模（限额）以上企业组织和营销创新情况（2023 年）

项目	全国	京津冀水平	北京	天津	河北	京津冀占比 /%
实现组织或营销创新企业数 / 个	293 442	19 460	7777	3868	7815	6.6
#实现组织创新企业	223 385	15 022	6052	3026	5944	6.7
#实现营销创新企业	208 221	12 957	4867	2411	5679	6.2
在全部企业中占比 /%						
实现组织或营销创新企业	25.7	22.7	24.5	17.5	24.6	
#实现组织创新企业	19.6	17.5	19.0	13.7	18.7	
#实现营销创新企业	18.3	15.1	15.3	10.9	17.9	
#同时实现组织和营销创新企业	12.1	9.9	9.9	7.1	12.0	
#仅实现组织创新企业	7.5	7.6	9.2	6.6	6.7	
#仅实现营销创新企业	6.1	5.2	5.4	3.8	5.9	

表7-47 规模以上工业企业组织和营销创新情况（2023年）

项目	全国	京津冀水平	北京	天津	河北	京津冀占比/%
实现组织或营销创新企业数/个	170 751	8517	1238	1749	5530	5.0
#实现组织创新企业	127 035	6418	915	1336	4167	5.1
#实现营销创新企业	129 609	6259	810	1191	4258	4.8
在全部企业中占比/%						
实现组织或营销创新企业	35.5	32.1	41.0	30.4	31.1	
#实现组织创新企业	26.4	24.2	30.3	23.2	23.4	
#实现营销创新企业	26.9	23.6	26.8	20.7	24.0	
#同时实现组织和营销创新企业	17.8	15.7	16.1	13.5	16.3	
#仅实现组织创新企业	8.5	8.5	14.2	9.7	7.2	
#仅实现营销创新企业	9.1	7.9	10.7	7.2	7.7	

表7-48 资质等级以上建筑业企业组织和营销创新情况（2023年）

项目	全国	京津冀水平	北京	天津	河北	京津冀占比/%
实现组织或营销创新企业数/个	15 506	1049	389	332	328	6.8
#实现组织创新企业	14 518	977	360	304	313	6.7
#实现营销创新企业	5801	379	137	123	119	6.5
在全部企业中占比/%						
实现组织或营销创新企业	20.6	17.5	19.0	15.5	18.2	
#实现组织创新企业	19.3	16.3	17.5	14.2	17.3	
#实现营销创新企业	7.7	6.3	6.7	5.8	6.6	
#同时实现组织和营销创新企业	6.4	5.1	5.3	4.4	5.8	
#仅实现组织创新企业	12.9	11.2	12.3	9.8	11.6	
#仅实现营销创新企业	1.3	1.2	1.4	1.3	0.8	

表 7-49　规模（限额）以上服务业企业组织和营销创新情况（2023 年）

项目	全国	京津冀水平	北京	天津	河北	京津冀占比 /%
实现组织或营销创新企业数 / 个	107 185	9894	6150	1787	1957	9.2
#实现组织创新企业	81 832	7627	4777	1386	1464	9.3
#实现营销创新企业	72 811	6319	3920	1097	1302	8.7
在全部企业中占比 /%						
实现组织或营销创新企业	18.4	18.6	23.0	12.6	16.0	
#实现组织创新企业	14.0	14.3	17.9	9.7	12.0	
#实现营销创新企业	12.5	11.9	14.7	7.7	10.7	
#同时实现组织和营销创新企业	8.1	7.6	9.5	4.9	6.6	
#仅实现组织创新企业	5.9	6.7	8.3	4.8	5.4	
#仅实现营销创新企业	4.3	4.3	5.1	2.8	4.0	

表 7-50　规模以上高技术产业（制造业）组织和营销创新情况（2023 年）

项目	全国	京津冀水平	北京	天津	河北	京津冀占比 /%
实现组织或营销创新企业数 / 个	26 304	1221	496	296	429	4.6
#实现组织创新企业	20 095	932	369	238	325	4.6
#实现营销创新企业	20 274	855	325	204	326	4.2
在全部企业中占比 /%						
实现组织或营销创新企业	51.1	49.1	51.6	49.5	46.1	
#实现组织创新企业	39.0	37.4	38.4	39.8	34.9	
#实现营销创新企业	39.4	34.4	33.8	34.1	35.1	
#同时实现组织和营销创新企业	27.3	22.7	20.6	24.4	23.9	
#仅实现组织创新企业	11.7	14.7	17.8	15.4	11.1	
#仅实现营销创新企业	12.1	11.6	13.2	9.7	11.2	

第八部分

创新产出

表 8-1 京津冀国内发明专利申请受理数按地区分布情况（2019—2023 年）

单位：件

项目	2019 年	2020 年	2021 年	2022 年	2023 年
全国	1 243 568	1 344 817	1 427 845	1 464 605	1 522 292
京津冀合计	175 040	189 223	212 901	234 846	258 371
北京	129 930	145 035	167 608	189 198	205 179
天津	24 574	22 057	21 370	21 466	24 263
河北	20 536	22 131	23 923	24 182	28 929
京津冀占比 /%	14.1	14.1	14.9	16.0	17.0

表 8-2 京津冀国内实用新型专利申请受理数按地区分布情况（2019—2023 年）

单位：件

项目	2019 年	2020 年	2021 年	2022 年	2023 年
全国	2 259 765	2 918 874	2 845 318	2 944 139	3 057 150
京津冀合计	201 690	253 567	239 795	245 026	250 703
北京	73 021	84 579	89 406	92 902	90 710
天津	64 871	83 825	63 512	58 221	61 494
河北	63 798	85 163	86 877	93 903	98 499
京津冀占比 /%	8.9	8.7	8.4	8.3	8.2

表 8-3 京津冀国内外观设计专利申请受理数按地区分布情况（2019—2023 年）

单位：件

项目	2019 年	2020 年	2021 年	2022 年	2023 年
全国	691 771	752 339	787 149	777 663	804 007
京津冀合计	46 702	48 497	51 614	49 075	50 906
北京	23 162	24 551	26 120	25 075	23 095
天津	6600	5632	5589	4648	5384
河北	16 940	18 314	19 905	19 352	22 427
京津冀占比 /%	6.8	6.4	6.6	6.3	6.3

表 8-4　京津冀国内发明专利申请授权数按地区分布情况（2019—2023 年）

单位：件

项目	2019 年	2020 年	2021 年	2022 年	2023 年
全国	360 919	440 691	585 910	695 591	819 234
京津冀合计	63 282	74 893	95 207	111 894	136 407
北京	53 127	63 266	79 210	88 127	107 875
天津	5025	5262	7376	11 745	14 319
河北	5130	6365	8621	12 022	14 213
京津冀占比 /%	17.5	17.0	16.2	16.1	16.7

表 8-5　京津冀国内实用新型专利申请授权数按地区分布情况（2019—2023 年）

单位：件

项目	2019 年	2020 年	2021 年	2022 年	2023 年
全国	1 574 205	2 368 651	3 112 795	2 796 049	2 084 664
京津冀合计	147 207	208 023	273 757	233 039	171 094
北京	58 393	75 336	96 078	91 947	68 901
天津	48 252	64 221	85 076	55 357	40 991
河北	40 562	68 466	92 603	85 735	61 202
京津冀占比 /%	9.4	8.8	8.8	8.3	8.2

表 8-6　京津冀国内外观设计专利申请授权数按地区分布情况（2019—2023 年）

单位：件

项目	2019 年	2020 年	2021 年	2022 年	2023 年
全国	539 282	711 559	768 460	709 563	628 384
京津冀合计	36 835	47 538	47 758	44 648	37 635
北京	20 196	24 222	23 490	22 648	17 197
天津	4522	5951	5458	4443	3844
河北	12 117	17 365	18 810	17 557	16 594
京津冀占比 /%	6.8	6.7	6.2	6.3	6.0

表 8-7 京津冀国内有效发明专利数按地区分布情况（2019—2023 年）

单位：件

项目	2019 年	2020 年	2021 年	2022 年	2023 年
全国	1 926 122	2 279 123	2 773 287	3 351 453	4 088 695
京津冀合计	347 882	407 874	490 103	580 911	702 715
北京	284 288	335 575	405 037	477 790	574 323
天津	34 726	38 152	43 409	51 162	63 761
河北	28 868	34 147	41 657	51 959	64 631
京津冀占比 /%	18.1	17.9	17.7	17.3	17.2

表 8-8 京津冀国内有效实用新型专利数按地区分布情况（2019—2023 年）

单位：件

项目	2019 年	2020 年	2021 年	2022 年	2023 年
全国	5 214 362	6 895 886	9 190 633	10 781 169	12 075 757
京津冀合计	570 847	713 289	903 796	1 020 152	1 106 950
北京	291 646	340 086	403 429	451 923	479 757
天津	149 930	189 936	244 766	260 469	279 947
河北	129 271	183 267	255 601	307 760	347 246
京津冀占比 /%	10.9	10.3	9.8	9.5	9.2

表 8-9 京津冀国内有效外观设计专利数按地区分布情况（2019—2023 年）

单位：件

项目	2019 年	2020 年	2021 年	2022 年	2023 年
全国	1 671 586	2 061 859	2 453 506	2 708 070	3 115 376
京津冀合计	128 647	158 492	183 889	202 875	225 382
北京	77 119	92 429	105 150	117 002	127 062
天津	14 290	17 452	20 088	20 908	22 815
河北	37 238	48 611	58 651	64 965	75 505
京津冀占比 /%	7.7	7.7	7.5	7.5	7.2

表 8-10 京津冀商标注册申请与核准注册情况（2019—2023 年）

单位：件

地区	2019年	2020年	2021年	2022年	2023年
商标申请数					
全国	7 582 356	9 116 454	9 192 675	7 304 007	6 988 704
京津冀合计	854 288	933 465	1 018 578	789 300	697 200
北京	546 590	564 510	641 220	485 330	396 587
天津	73 310	85 096	95 011	71 347	66 417
河北	234 388	283 859	282 347	232 623	234 196
京津冀占比 /%	11.3	10.2	11.1	10.8	10.0
核准注册数					
全国	6 177 791	5 576 545	7 545 358	6 001 698	4 247 938
京津冀合计	728 237	589 462	735 674	637 700	420 888
北京	474 645	362 738	427 911	387 204	236 490
天津	56 538	51 092	67 921	54 955	39 676
河北	197 054	175 632	239 842	195 541	144 722
京津冀占比 /%	11.8	10.6	9.8	10.6	9.9

表 8-11 京津冀技术市场技术开发合同按地域分布情况（合同数）（2019—2023 年）

单位：项

项目	2019年	2020年	2021年	2022年	2023年
全国	198 105	217 580	256 356	271 727	332 210
京津冀合计	36 758	38 373	41 503	38 114	47 301
北京	28 888	30 905	32 406	30 169	36 541
天津	3787	3166	3491	3378	4621
河北	4083	4302	5606	4567	6139
京津冀占比 /%	18.6	17.6	16.2	14.0	14.2

表 8-12　京津冀技术市场技术转让合同按地域分布情况（合同数）（2019—2023 年）

单位：项

项目	2019 年	2020 年	2021 年	2022 年	2023 年
全国	16 953	23 243	34 317	38 081	36 355
京津冀合计	1803	2336	3239	2689	3232
北京	971	1271	1469	1414	1729
天津	315	403	889	555	639
河北	517	662	881	720	864
京津冀占比 /%	10.6	10.1	9.4	7.1	8.9

表 8-13　京津冀技术市场技术咨询合同按地域分布情况（合同数）（2019—2023 年）

单位：项

项目	2019 年	2020 年	2021 年	2022 年	2023 年
全国	31 215	36 151	44 650	52 955	60 468
京津冀合计	4489	4000	4091	8152	8853
北京	3380	2906	3018	5598	4664
天津	488	392	407	525	694
河北	621	702	666	2029	3495
京津冀占比 /%	14.4	11.1	9.2	15.4	14.6

表 8-14　京津冀技术市场技术服务合同按地域分布情况（合同数）（2019—2023 年）

单位：项

项目	2019 年	2020 年	2021 年	2022 年	2023 年
全国	237 804	272 379	335 183	407 852	506 019
京津冀合计	44 688	41 375	48 227	48 793	57 938
北京	31 898	30 466	34 512	32 415	37 854
天津	6687	4505	5099	6102	6665
河北	6103	6404	8616	10 276	13 419
京津冀占比 /%	18.8	15.2	14.4	12.0	11.4

表 8-15　京津冀技术市场技术开发合同按地域分布情况（合同金额）（2019—2023 年）

单位：亿元

项目	2019年	2020年	2021年	2022年	2023年
全国	7177	8874	11 674	14 011	17 965
京津冀合计	1103	1532	1778	2317	2947
北京	931	1281	1422	1960	2596
天津	53	74	76	112	145
河北	119	177	280	245	206
京津冀占比 /%	15.4	17.3	15.2	16.5	16.4

表 8-16　京津冀技术市场技术转让合同按地域分布情况（合同金额）（2019—2023 年）

单位：亿元

项目	2019年	2020年	2021年	2022年	2023年
全国	2189	2398	3247	4002	2815
京津冀合计	665	97	181	172	141
北京	615	49	66	96	83
天津	24	30	74	37	39
河北	26	18	41	39	19
京津冀占比 /%	30.4	4.0	5.6	4.3	5.0

表 8-17　京津冀技术市场技术咨询合同按地域分布情况（合同金额）（2019—2023 年）

单位：亿元

项目	2019年	2020年	2021年	2022年	2023年
全国	614	1105	951	967	1286
京津冀合计	77	101	74	81	109
北京	38	41	32	54	73
天津	18	9	10	6	13
河北	21	51	32	20	23
京津冀占比 /%	12.5	9.1	7.8	8.4	8.5

表 8-18　京津冀技术市场技术服务合同按地域分布情况（合同金额）（2019—2023 年）

单位：亿元

项目	2019 年	2020 年	2021 年	2022 年	2023 年
全国	12 418	15 875	21 423	28 719	36 897
京津冀合计	2423	2722	3159	3653	4807
北京	1639	1757	1919	2001	2250
天津	366	504	440	627	800
河北	418	461	800	1024	1757
京津冀占比 /%	19.5	17.1	14.7	12.7	13.0

表 8-19　京津冀国外技术引进合同情况（2023 年）

地区	合同数 / 项	合同金额 / 亿美元	#技术费
全国	5741	291	287
京津冀合计	553	39	39
北京	393	29	28
天津	118	9	9
河北	42	1	1
京津冀占比 /%	9.6	13.5	13.4

第九部分

国家高新技术产业开发区

2024 京津冀科技统计年鉴

表 9-1 京津冀国家高新技术产业开发区基本情况（2019—2023 年）

项目	2019 年	2020 年	2021 年	2022 年	2023 年
国家高新技术产业开发区数 / 个					
全国	169	169	169	177	178
京津冀合计	7	7	7	7	7
北京	1	1	1	1	1
天津	1	1	1	1	1
河北	5	5	5	5	5
京津冀占比 /%	4.1	4.1	4.1	4.0	3.9
工商注册企业数 / 个					
全国	2 866 714	2 866 714	4 279 940	5 146 982	5 870 925
京津冀合计	565 607	565 607	622 804	690 045	750 910
北京	480 135	480 135	509 953	551 398	596 021
天津	36 016	36 016	49 800	60 615	69 816
河北	49 456	49 456	63 051	78 032	85 073
京津冀占比 /%	19.7	19.7	14.6	13.4	12.8
入统企业数 / 个					
全国	141 147	165 357	181 541	205 848	223 573
京津冀合计	32 196	35 042	32 137	33 527	33 794
北京	24 892	27 487	24 055	24 671	24 294
天津	4357	4240	4234	4496	4680
河北	2947	3315	3848	4360	4820
京津冀占比 /%	22.8	21.2	17.7	16.3	15.1
研究开发人员 / 人					
全国	4 659 444	5 144 238	5 634 021	6 044 921	6 090 743
京津冀合计	983 611	1 026 015	1 110 365	1 145 496	1 120 248
北京	863 167	901 109	978 381	1 005 583	970 774
天津	54 244	55 905	56 404	57 282	62 252
河北	66 200	69 001	75 580	82 631	87 222
京津冀占比 /%	21.1	19.9	19.7	18.9	18.4

续表

项目	2019 年	2020 年	2021 年	2022 年	2023 年
R&D 人员全时当量 / 人年					
全国	1 819 811	2 023 547	1 863 768	2 103 335	2 004 789
京津冀合计	230 786	242 094	246 580	254 378	240 171
北京	188 989	197 307	203 654	212 539	185 901
天津	21 235	19 663	17 878	18 516	16 286
河北	20 562	25 124	25 048	23 323	37 984
京津冀占比 /%	12.7	12	13.2	12.1	12.0
研究开发经费内部支出 / 亿元					
全国	16 116	17 314	20 571	23 117	24 300
京津冀合计	4442	3599	4370	4656	4898
北京	4150	3285	3975	4201	4296
天津	131	130	144	153	175
河北	161	184	251	302	427
京津冀占比 /%	27.6	20.8	21.2	20.1	20.2

表 9-2　京津冀国家高新技术产业开发区企业数量及主要经济指标（2023 年）

地区	高新技术企业数 / 个	工业总产值 / 亿元	净利润 / 亿元	上缴税费 / 亿元	出口总额 / 亿元	年末资产 / 亿元	年末负债 / 亿元
全国	156 763	319 259	39 925	23 789	58 216	1 038 809	594 886
京津冀合计	23 615	20 302	9848	3835	4394	291 424	161 648
北京	17 844	13 042	9184	3166	3377	264 801	145 775
天津	3201	2052	276	174	414	10 137	5547
河北	2570	5208	387	494	603	16 485	10 326
京津冀占比 /%	15.1	6.4	24.7	16.1	7.5	28.1	27.2

表 9-3 京津冀国家高新技术产业开发区企业收入情况（2023年）

单位：亿元

地区	营业收入	#技术收入	产品销售收入	商品销售收入
全国	550 149	81 425	376 410	45 583
京津冀合计	106 174	28 426	30 861	22 903
北京	91 772	26 479	21 979	21 610
天津	6009	935	2835	497
河北	8393	1013	6047	796
京津冀占比/%	19.3	34.9	8.2	50.2

表 9-4 京津冀国家高新技术产业开发区企业人员情况（2023年）

单位：人

地区	年末从业人员	#留学归国人员	#外籍常驻人员	#大专以上
全国	26 804 953	273 964	62 370	16 959 702
京津冀合计	3 923 544	75 521	5139	3 143 940
北京	3 221 028	72 928	4434	2 645 888
天津	242 310	1155	375	177 132
河北	460 206	1438	330	320 920
京津冀占比/%	14.6	27.6	8.2	18.5

表 9-5 京津冀国家高新技术产业开发区企业R&D活动与科技活动情况（2023年）

地区	研究开发人员/人	#R&D人员	R&D人员全时当量/人年	研究开发经费内部支出/亿元	#R&D经费内部支出
全国	6 090 743	3 045 104	2 004 789	24 300	11 702
京津冀合计	1 120 248	371 659	240 171	4898	1644
北京	970 774	285 288	185 901	4296	1344
天津	62 252	28 217	16 286	175	85
河北	87 222	58 154	37 984	427	215
京津冀占比/%	18.4	12.2	12.0	20.2	14.0

第十部分

科技企业孵化器

表 10-1　京津冀科技企业孵化器基本情况（2019—2023 年）

项目	2019 年	2020 年	2021 年	2022 年	2023 年
入统孵化器数 / 个					
全国	5206	5843	6227	6659	7015
京津冀合计	462	624	668	708	758
北京	130	246	270	272	284
天津	81	104	109	110	120
河北	251	274	289	326	354
京津冀占比 /%	8.9	10.7	10.7	10.6	10.8
孵化器场地总面积 / 万平方米					
全国	12 927.9	13 088.5	13 388.3	13 685.9	13 249.8
京津冀合计	961.3	1086.4	1139.8	1163.0	1126.7
北京	329.2	399.6	474.3	445.0	446.6
天津	132.2	152.9	155.2	145.7	153.3
河北	499.9	533.9	510.3	572.3	526.8
京津冀占比 /%	7.4	8.3	8.5	8.5	8.5
在孵企业数 / 个					
全国	216 828	233 351	243 635	348 344	258 289
京津冀合计	21 478	26 685	26 879	26 465	26 899
北京	9444	13 008	12 388	11 544	10 812
天津	4309	5037	5120	5020	5419
河北	7725	8640	9371	9901	10 668
京津冀占比 /%	9.9	11.4	11.0	7.6	10.4
在孵企业从业人员 / 万人					
全国	294.9	296.9	309.6	305.6	295.4
京津冀合计	32.1	33.6	36.0	33.9	30.4
北京	16.0	18.0	19.6	18.1	14.3
天津	5.8	6.1	6.0	5.5	5.6
河北	10.3	9.5	10.4	10.3	10.5
京津冀占比 /%	10.9	11.3	11.6	11.1	10.3

续表

项目	2019 年	2020 年	2021 年	2022 年	2023 年
当年获得风险投资额/亿元					
全国	546	786	1227	1265	1077
京津冀合计	93	159	306	358	288
北京	89	150	286	345	274
天津	2	4	13	8	9
河北	3	5	7	5	5
京津冀占比/%	17.1	20.2	24.9	28.3	26.7
累计毕业企业/个					
全国	160 850	188 707	215 969	237 906	266 735
京津冀合计	21 971	29 682	37 730	34 052	42 730
北京	15 091	21 414	28 564	23 318	30 760
天津	2479	2626	3214	3514	4032
河北	4401	5642	5952	7220	7938
京津冀占比/%	13.7	15.7	17.5	14.3	16.0

表 10-2　京津冀科技企业孵化器孵化企业情况（2023 年）

单位：个

地区	在孵企业数	#高新技术企业	#当年新增在孵企业	累计毕业企业	#当年毕业企业	#收入达 5000 万元的企业
全国	258 289	20 467	70 912	266 735	30 032	6029
京津冀合计	26 899	2794	7745	42 730	2883	580
北京	10 812	1572	3277	30 760	1426	374
天津	5419	528	1457	4032	508	126
河北	10 668	694	3011	7938	949	80
京津冀占比/%	10.4	13.7	10.9	16.0	9.6	9.6

表10-3　京津冀科技企业孵化器孵化场地情况（2023年）

单位：平方米

地区	总面积	办公用房	企业用房	服务用房	其他
全国	132 497 555	7 693 594	94 012 367	16 878 829	13 912 766
京津冀合计	11 266 796	679 078	7 931 437	1 568 704	1 087 578
北京	4 466 148	261 999	3 030 127	779 989	394 033
天津	1 532 773	61 852	1 186 592	192 148	92 181
河北	5 267 875	355 227	3 714 718	596 567	601 364
京津冀占比/%	8.5	8.8	8.4	9.3	7.8

表10-4　京津冀科技企业孵化器当年在孵企业情况（2023年）

地区	在孵企业从业人员数/人	在孵企业总收入/亿元	当年获得投融资企业数/个	当年获风险投资额/亿元	当年获得孵化基金在孵企业数/个
全国	2 954 318	10 340	16 759	1077	10 188
京津冀合计	304 318	1113	1912	288	1188
北京	142 862	769	923	274	584
天津	55 991	139	524	9	253
河北	105 465	206	465	5	351
京津冀占比/%	10.3	10.8	11.4	26.7	11.7

表10-5　京津冀国家级科技企业孵化器基本情况（2023年）

地区	在统孵化器数量/个	孵化器总收入/亿元	管理机构从业人员数/人	孵化基金总额/亿元	创业导师人数/人	对公共技术服务平台投资额/亿元
全国	1580	239	26 330	1566	36 071	40.0
京津冀合计	149	28	2688	377	4129	2.8
北京	68	21	1486	360	2426	1.8
天津	37	4	544	7	828	0.6
河北	44	3	658	9	875	0.4
京津冀占比/%	9.4	11.8	10.2	24.1	11.4	7.0

表 10-6　京津冀国家级科技企业孵化器孵化企业情况（2023 年）

单位：个

地区	在孵企业数	#高新技术企业	#当年新增在孵企业	累计毕业企业	#当年毕业企业	#收入达5000万元的企业
全国	111 779	12 263	27 492	157 716	13 436	3979
京津冀合计	10 955	1439	2639	19 321	1396	390
北京	4734	667	1111	12 388	722	245
天津	2788	366	720	3124	363	102
河北	3433	406	808	3809	311	43
京津冀占比/%	9.8	11.7	9.6	12.3	10.4	9.8

表 10-7　京津冀国家级科技企业孵化器孵化场地情况（2023 年）

单位：平方米

地区	总面积	办公用房	企业用房	服务用房	其他
全国	46 056 674	1 507 765	34 580 783	6 138 069	3 830 058
京津冀合计	3 516 334	117 623	2 722 398	439 256	237 057
北京	1 584 146	65 395	1 144 159	236 006	138 585
天津	771 514	19 015	621 118	88 358	43 023
河北	1 160 674	33 213	957 121	114 892	55 449
京津冀占比/%	7.6	7.8	7.9	7.2	6.2

表 10-8　京津冀国家级科技企业孵化器当年在孵企业情况（2023 年）

地区	在孵企业从业人员数/人	在孵企业总收入/亿元	当年获得投融资企业数/个	当年获风险投资额/亿元	当年获得孵化基金在孵企业数/个
全国	1 477 702	5225	9132	609	5005
京津冀合计	145 050	459	994	111	417
北京	67 076	300	418	102	145
天津	36 601	78	372	6	183
河北	41 373	81	204	3	89
京津冀占比/%	9.8	8.8	10.9	18.3	8.3

第十一部分
国家级高新技术企业

表 11-1　京津冀国家高新技术企业基本情况（2019—2023 年）

项目	2019 年	2020 年	2021 年	2022 年	2023 年
入统企业数 / 个					
全国	218 544	269 896	324 112	394 525	454 449
京津冀合计	36 814	40 571	45 159	48 826	51 897
北京	23 190	23 991	25 071	25 702	26 481
天津	6013	7350	9118	10 715	11 409
河北	7611	9230	10 970	12 409	14 007
京津冀占比 /%	16.8	15.0	13.9	12.4	11.4
研究开发人员 / 人					
全国	8 247 973	9 159 988	10 192 155	11 226 102	11 816 367
京津冀合计	1 345 899	1 464 346	1 637 574	1 718 489	1 711 249
北京	909 108	990 386	1 128 753	1 173 625	1 146 025
天津	172 151	186 477	204 925	220 051	226 872
河北	264 640	287 483	303 896	324 813	338 352
京津冀占比 /%	16.3	16.0	16.1	15.3	14.5
R&D 人员全时当量 / 人年					
全国	2 860 041	3 192 980	2 748 285	3 114 170	3 149 712
京津冀合计	305 407	356 964	345 385	365 746	354 552
北京	177 438	206 137	213 856	219 691	197 219
天津	61 172	68 916	66 905	74 554	67 415
河北	66 797	81 911	64 624	71 501	89 918
京津冀占比 /%	10.7	11.2	12.6	11.7	11.3
R&D 经费内部支出 / 亿元					
全国	11 850	13 310	14 662	16 244	17 481
京津冀合计	1638	1868	2294	2295	2355
北京	1032	1195	1482	1413	1376
天津	246	263	348	373	373
河北	360	410	463	509	606
京津冀占比 /%	13.8	14.0	15.6	14.1	13.5

续表

项目	2019 年	2020 年	2021 年	2022 年	2023 年
营业收入 / 亿元					
全国	450 958	520 845	650 459	720 238	765 275
京津冀合计	67 834	79 576	98 739	102 363	108 281
北京	38 025	45 665	56 668	57 732	61 068
天津	10 043	11 484	13 742	14 490	15 406
河北	19 766	22 427	28 329	30 141	31 807
京津冀占比 /%	15.0	15.3	15.2	14.2	14.1

表 11-2　京津冀国家高新技术企业主要经济指标（2023 年）

单位：亿元

地区	工业总产值	营业收入	#技术收入	#产品销售收入	#商品销售收入
全国	540 964	765 275	104 420	614 060	11 675
京津冀合计	44 473	108 281	33 180	59 414	3855
北京	10 123	61 068	29 134	19 079	3325
天津	8422	15 406	2392	12 046	184
河北	25 928	31 807	1654	28 290	346
京津冀占比 /%	8.2	14.1	31.8	9.7	33.0

表 11-3　京津冀国家高新技术企业人员情况（2023 年）

单位：人

地区	年末从业人员	#留学归国人员	#外籍常驻人员	#大专以上
全国	49 911 733	255 503	54 650	25 353 909
京津冀合计	5 326 460	62 719	3301	3 753 451
北京	2 883 534	58 108	2620	2 463 294
天津	814 000	2933	407	530 014
河北	1 628 926	1678	274	760 143
京津冀占比 /%	10.7	24.5	6.0	14.8

表 11-4 京津冀国家高新技术企业 R&D 活动与科研活动情况（2023 年）

地区	研究开发人员/人	#R&D 人员	R&D 人员全时当量/人年	研究开发经费内部支出/亿元	#R&D 经费内部支出
全国	11 816 367	5 135 574	3 149 712	41 901	17 481
京津冀合计	1 711 249	588 349	354 552	6960	2355
北京	1 146 025	302 871	197 219	4932	1376
天津	226 872	117 841	67 415	706	373
河北	338 352	167 637	89 918	1322	606
京津冀占比/%	14.5	11.5	11.3	16.6	13.5

第十二部分

国家大学科技园

表 12-1　京津冀国家大学科技园基本情况（2019—2023 年）

项目	2019 年	2020 年	2021 年	2022 年	2023 年
孵化基金总额 / 万元					
全国	152 065	245 279	420 257	587 980	614 333
京津冀合计	11 896	17 347	78 240	77 920	58 890
北京	10 246	15 347	76 110	75 840	54 103
天津		100			
河北	1650	1900	2130	2080	4787
京津冀占比 /%	7.8	7.1	18.6	13.3	9.6
场地面积 / 平方米					
全国	5 996 259	5 707 300	6 184 230	6 072 174	6 145 526
京津冀合计	1 388 106	1 173 983	1 143 719	1 141 564	1 242 548
北京	1 051 939	871 052	840 407	834 241	921 670
天津	171 900	173 127	173 127	183 127	207 244
河北	164 267	129 804	130 185	124 196	113 634
京津冀占比 /%	23.1	20.6	18.5	18.8	20.2
在孵企业 / 个					
全国	9483	9228	10 844	10 621	11 088
京津冀合计	1557	1548	1612	1586	1813
北京	1357	1284	1313	1232	1252
天津	32	51	71	121	284
河北	168	213	228	233	277
京津冀占比 /%	16.4	16.8	14.9	14.9	16.4
从业人员数 / 人					
全国	122 951	109 956	125 009	115 007	113 041
京津冀合计	22 824	16 597	16 133	16 217	16 569
北京	15 917	12 164	11 654	11 173	10 634
天津	306	681	611	812	1374
河北	6601	3752	3868	4232	4561
京津冀占比 /%	18.6	15.1	12.9	14.1	14.7

续表

项目	2019年	2020年	2021年	2022年	2023年
在孵企业总收入/亿元					
全国	326	333	407	374	368
京津冀合计	**65**	**66**	**58**	**57**	**54**
北京	42	58	51	50	48
天津	1	2	2	3	2
河北	22	6	5	4	4
京津冀占比/%	**19.7**	**19.8**	**14.3**	**15.2**	**14.8**
工业总产值/亿元					
全国	137	144	172	158	152
京津冀合计	**28**	**41**	**43**	**43**	**40**
北京	18	39	40	41	38
天津	0	1	2	1	1
河北	10	1	1	1	1
京津冀占比/%	**20.4**	**28.5**	**25.0**	**27.2**	**26.4**

表12-2　京津冀国家大学科技园人员情况（2023年）

单位：人

地区	管理机构从业人员总数	#博士	硕士	#研究生学历	本科	大专	#留学回国人员
全国	2949	172	910	1065	1597	212	125
京津冀合计	**459**	**31**	**162**	**192**	**229**	**28**	**29**
北京	404	25	149	174	196	27	27
天津	6			2	4		
河北	49	6	13	16	29	1	2
京津冀占比/%	**15.6**	**18.0**	**17.8**	**18.0**	**14.3**	**13.2**	**23.2**

表 12-3 京津冀国家大学科技园孵化场地情况（2023年）

单位：平方米

地区	孵化场地总面积	办公用房	孵化用房	研发用房	生产用房	其他
全国	6 145 526	151 485	2 958 315	973 573	533 813	1 528 341
京津冀合计	1 242 548	28 926	477 484	154 038	13 423	568 677
北京	921 670	10 875	268 494	89 834		552 467
天津	207 244	13 497	130 986	51 490	3820	7451
河北	113 634	4554	78 004	12 714	9603	8759
京津冀占比 /%	20.2	19.1	16.1	15.8	2.5	37.2

表 12-4 京津冀国家大学科技园在孵企业情况（2023年）

地区	在孵企业 / 个	#当年新孵	工业总产值 / 万元	净利润 / 万元	上缴税金 / 万元
全国	11 088	3292	1 521 425	270 676	161 373
京津冀合计	1813	561	401 219	40 574	28 195
北京	1252	316	383 051	34 490	26 024
天津	284	189	6004	1431	647
河北	277	56	12 164	4653	1524
京津冀占比 /%	16.4	17.0	26.4	15.0	17.5

第十三部分

火炬特色产业基地

表 13-1 京津冀火炬特色产业基地基本情况（2019—2023 年）

项目	2019年	2020年	2021年	2022年	2023年
入统基地数/个					
全国	437	471	475	511	494
京津冀合计	22	23	23	24	23
北京	1	1	1	1	1
天津	9	9	9	10	10
河北	12	13	13	13	12
京津冀占比/%	5.0	4.9	4.8	4.7	4.7
基地内企业数/个					
全国	188 922	205 254	251 689	186 243	191 243
京津冀合计	14 459	15 189	16 557	13 561	14 162
北京	6451	6750	6855	4704	5088
天津	6246	6668	7194	6998	7247
河北	1762	1771	2508	1859	1827
京津冀占比/%	7.7	7.4	6.6	7.3	7.4
总收入/亿元					
全国	112 704	127 095	141 352	161 843	158 540
京津冀合计	5353	5424	6746	7272	7398
北京	432	491	550	540	633
天津	1493	1535	1977	2413	2441
河北	3428	3398	4219	4319	4324
京津冀占比/%	4.7	4.3	4.8	4.5	4.7

表 13-2 京津冀火炬特色产业基地经济指标情况（2023 年）

单位：亿元

地区	工业总产值	上缴税额	净利润	出口总额
全国	150 648	7105	8824	14 070
京津冀合计	4332	225	426	250
北京	68	22	24	10
天津	1572	73	59	71
河北	2693	130	343	169
京津冀占比 /%	2.9	3.2	4.8	1.8

表 13-3 京津冀火炬特色产业基地人员情况（2023 年）

单位：人

地区	企业人员总数	#大专以上	#博士	#硕士
全国	12 589 818	4 548 797	32 231	243 780
京津冀合计	446 870	230 223	2037	15 624
北京	49 952	30 245	153	2236
天津	138 000	56 057	1023	7019
河北	258 918	143 921	861	6369
京津冀占比 /%	3.5	5.1	6.3	6.4

第十四部分

创新型产业集群

表 14-1 京津冀创新型产业集群基本情况（2020—2023 年）

项目	2020年	2021年	2022年	2023年
企业总数/个				
全国	25 953	34 856	48 397	52 841
京津冀合计	3561	4548	6008	6422
北京	882	901	954	967
天津	1329	2457	3240	3485
河北	1350	1190	1814	1970
京津冀占比/%	13.7	13.0	12.4	12.2
集群从业人员数/人				
全国	4 308 204	5 379 244	7 847 586	7 935 180
京津冀合计	396 540	464 937	672 240	676 828
北京	138 934	152 569	158 328	163 056
天津	93 833	145 379	225 904	230 049
河北	163 773	166 989	288 008	283 723
京津冀占比/%	9.2	8.6	8.6	8.5
营业收入/亿元				
全国	62 618	86 800	138 410	146 334
京津冀合计	9700	11 782	17 716	18 787
北京	5314	6369	6901	7415
天津	2052	2871	5743	5612
河北	2334	2542	5072	5761
京津冀占比/%	15.5	13.6	12.8	12.8

表 14-2　京津冀创新型产业集群企业数量和从业人员情况（2023年）

地区	企业总数/个	#高新技术企业数	集群从业人员数/人	#研究开发人员
全国	52 841	25 549	7 935 180	1 940 845
京津冀合计	6422	3293	676 828	258 140
北京	967	564	163 056	94 066
天津	3485	1754	230 049	61 572
河北	1970	975	283 723	102 502
京津冀占比/%	12.2	12.9	8.5	13.3

表 14-3　京津冀创新型产业集群主要经济指标情况（2023年）

单位：亿元

地区	出口总额	净利润	上缴税费
全国	20 399	12 184	6474
京津冀合计	665	1459	681
北京	174	757	317
天津	274	323	97
河北	217	379	267
京津冀占比/%	3.3	12.0	10.5

表 14-4　京津冀创新型产业集群主要科技活动成果情况（2023年）

地区	当年发明专利授权/件	拥有有效发明专利/件	拥有注册商标/件	当年形成国家或行业标准/项	认定登记的技术合同成交金额/亿元
全国	111 519	714 120	494 014	2631	3136
京津冀合计	17 364	83 534	62 653	297	322
北京	13 003	59 284	33 800	102	191
天津	2788	13 231	7817	85	109
河北	1573	11 019	21 036	110	22
京津冀占比/%	15.6	11.7	12.7	11.3	10.3

表 14-5 京津冀创新型产业集群主要服务机构情况（2023 年）

单位：个

地区	国家级科技企业孵化器	国家技术转移示范机构	国家级生产力促进中心	具有国家级资质产品检验检测机构	研发机构	产品联盟组织数
全国	510	175	224	294	12 821	840
京津冀合计	50	9	31	13	918	67
北京	12			1	138	13
天津	18	5	23	8	407	35
河北	20	4	8	4	373	19
京津冀占比 /%	9.8	5.1	13.8	4.4	7.2	8.0

第十五部分

科学技术普及

表 15-1 京津冀科学技术普及基本情况（2019—2023 年）

项目	2019 年	2020 年	2021 年	2022 年	2023 年
科普专职人员 / 人					
全国	250 197	248 670	264 339	273 931	293 191
京津冀合计	28 772	27 322	23 604	24 182	25 741
北京	8518	8208	8796	8620	9247
天津	3341	3689	4224	5013	5116
河北	16 913	15 425	10 584	10 549	11 378
京津冀占比 /%	11.5	11.0	8.9	8.8	8.8
科技馆数量 / 个					
全国	533	573	661	694	703
京津冀合计	47	46	46	40	42
北京	27	26	22	15	13
天津	4	4	4	3	5
河北	16	16	20	22	24
京津冀占比 /%	8.8	8.0	7.0	5.8	6.0
科技馆建筑面积 / 万平方米					
全国	420	458	506	534	571
京津冀合计	41	43	42	40	36
北京	27	26	25	22	16
天津	2	5	5	5	5
河北	12	13	12	14	15
京津冀占比 /%	9.8	9.4	8.3	7.5	6.3
年度科普经费筹集额 / 亿元					
全国	186	172	189	191	215
京津冀合计	35	27	30	34	34
北京	28	20	23	26	27
天津	3	3	4	4	4
河北	4	4	3	3	3
京津冀占比 /%	18.8	15.7	15.9	17.8	15.8

续表

项目	2019 年	2020 年	2021 年	2022 年	2023 年
科普图书出版总册数 / 万册					
全国	13 527	9854	8560	10 391	4990
京津冀合计	**8215**	**3225**	**3043**	**5237**	**2812**
北京	8045	2934	2647	2571	2557
天津	140	257	295	342	205
河北	29	34	101	2323	50
京津冀占比 /%	60.7	32.7	35.5	50.4	56.4
科普专题活动次数 / 次					
全国	118 937	109 011	111 563	119 059	126 454
京津冀合计	12 173	12 469	13 839	14 877	17 366
北京	3764	2888	3174	3528	5184
天津	4081	5528	6426	7171	7723
河北	4328	4053	4239	4178	4459
京津冀占比 /%	10.2	11.4	12.4	12.5	13.7

表 15-2　京津冀科普专职人员情况（2023 年）

单位：人

地区	科普专职人员	#中级职称以上或本科以上学历	#女性	#农村科普人员	#管理人员	#科普创作人员
全国	293 191	194 954	128 907	73 379	48 876	22 249
京津冀合计	25 741	18 946	13 406	3938	4481	2968
北京	9247	7465	5338	644	1778	1585
天津	5116	4092	2777	408	906	794
河北	11 378	7389	5291	2886	1797	589
京津冀占比 /%	8.8	9.7	10.4	5.4	9.2	13.3

表 15-3 京津冀科普兼职人员情况（2023 年）

地区	科普兼职人员/人	#中级职称以上或本科以上学历	#女性	#农村科普人员	#注册科普志愿者	科普兼职人员年度实际投入工作量/人天
全国	1 863 055	1 154 994	851 196	391 810	8 045 302	29 408 171
京津冀合计	156 168	106 541	84 426	30 841	434 255	2 772 284
北京	50 640	36 087	29 544	7011	125 915	805 235
天津	39 599	31 058	23 141	5669	231 516	714 201
河北	65 929	39 396	31 741	18 161	76 824	1 252 848
京津冀占比/%	8.4	9.2	9.9	7.9	5.4	9.4

表 15-4 京津冀科普场地情况（2023 年）

项目	全国	京津冀合计	北京	天津	河北	京津冀占比/%
科技馆数量/个	703	42	13	5	24	6.0
科技馆建筑面积/万平方米	571	36	16	5	15	6.3
科技馆展厅面积/万平方米	292	18	7	3	8	6.2
科技馆当年参观人数/万人次	9798	1107	553	161	393	11.3
科学技术类博物馆数量/个	1076	130	68	19	43	12.1
科学技术类博物馆建筑面积/万平方米	777	134	83	24	27	17.2
科学技术类博物馆展厅面积/万平方米	368	56	34	10	12	15.2
科学技术类博物馆当年参观人数/万人次	17 086	3609	2285	891	433	21.1
青少年科技馆站/个	519	35	15	4	16	6.7
城市社区科普（技）活动场所/个	48 009	4477	1554	1538	1385	9.3
农村科普（技）活动场所/个	161 889	14 089	1665	2924	9500	8.7
科普宣传专用车/辆	1203	172	90	61	21	14.3
科普宣传栏/个	259 355	17 010	6239	2510	8261	6.6

表 15-5 京津冀科普经费情况（2023 年）

单位：万元

项目	全国	京津冀合计	北京	天津	河北	京津冀占比 /%
年度科普经费筹集额	2 150 600	342 587	273 558	42 442	26 587	15.9
# 政府拨款	1 671 108	234 117	196 310	15 558	22 249	14.0
# 科普专项经费	811 806	133 959	118 349	4469	11 141	16.5
# 捐赠	12 927	965	781	78	106	7.5
# 自筹资金	466 565	107 505	76 468	26 805	4232	23.0
年度科普经费使用额	2 077 038	333 863	266 399	41 812	25 652	16.1
# 行政支出	446 845	61 401	46 189	10 363	4849	13.7
# 科普活动支出	818 702	130 604	107 103	10 201	13 300	16.0
# 科普场馆基建支出	313 703	19 682	6757	10 262	2663	6.3
# 政府拨款支出	197 225	3749	1953	374	1422	1.9
# 展品、设施支出	227 152	26 290	17 841	5577	2872	11.6
# 其他支出	270 636	95 884	88 508	5408	1968	35.4

表 15-6 京津冀科普传媒情况（2023 年）

项目	全国	京津冀合计	北京	天津	河北	京津冀占比 /%
科普图书出版种数 / 种	7332	4133	3800	227	106	56.4
科普图书出版总册数 / 万册	4990	2812	2557	205	50	56.4
科普期刊出版种数 / 种	510	207	61	135	11	40.6
科普期刊出版总册数 / 万册	6623	1902	1440	394	68	28.7
科技类报纸年发行总份数 / 万份	8026	4184	2623	1500	62	52.1
电视台播出科普（技）节目时间 / 小时	226 888	23 283	14 654	2229	6400	10.3
电台播出科普（技）节目时间 / 小时	248 484	12 765	9781	264	2720	5.1
科普网站数 / 个	2045	298	180	57	61	14.6
发放科普读物和资料 / 万份	34 856	2846	882	440	1524	8.2

表 15-7 京津冀科普活动情况（2023 年）

项目	全国	京津冀合计	北京	天津	河北	京津冀占比 /%
科普（技）讲座举办次数 / 次	1 305 421	130 385	64 546	35 942	29 897	10.0
科普（技）讲座参加人数 / 万人次	192 631	78 860	72 102	5536	1222	40.9
科普（技）展览专题展览次数 / 次	107 504	7567	2203	2735	2629	7.0
科普（技）展览参观人数 / 万人次	51 355	24 162	21 979	1817	366	47.0
科普（技）竞赛举办次数 / 次	41 304	4646	2303	1259	1084	11.2
科普（技）竞赛参加人数 / 万人次	56 585	38 567	5022	3114	30 432	68.2
科普国际交流举办次数 / 次	1315	244	160	75	9	18.6
科普国际交流参加人数 / 万人次	1151	604	298	306	0	52.5
成立青少年科技兴趣小组个数 / 个	127 437	12 172	4018	2813	5341	9.6
青少年科技兴趣小组参加人数 / 万人次	877	69	23	14	33	7.9
科技夏（冬）令营举办次数 / 次	26 886	1202	605	299	298	4.5
科技夏（冬）令营参加人数 / 万人次	147	24	14	3	7	16.3
科技活动周科普专题活动次数 / 次	126 454	17 366	5184	7723	4459	13.7
科技活动周参加人数 / 万人次	44 826	25 776	24 805	663	308	57.5
科研机构、大学向社会开放单位数 / 个	8391	999	305	325	369	11.9
科研机构、大学参观人数 / 万人次	1964	373	321	23	29	19.0
实用技术培训举办次数 / 次	348 897	31 109	5972	5197	19 940	8.9
实用技术培训参加人数 / 万人次	3379	219	63	40	115	6.5
重大科普活动次数 / 次	11 323	1060	451	247	362	9.4

注：科普（技）讲座、科普（技）展览、科普（技）竞赛、科技活动周科普专题活动次数及参加人数为线上、线下合计。

第十六部分

主要统计指标解释

第十六部分 主要统计指标解释

一般公共预算收入 指国家财政参与社会产品分配所取得的收入，是实现国家职能的财力保证。主要包括：①各项税收：包含国内增值税、国内消费税、进口货物增值税和消费税、出口货物退增值税和消费税、营业税、企业所得税、个人所得税、资源税、城市维护建设税、房产税、印花税、城镇土地使用税、土地增值税、车船税、船舶吨税、车辆购置税、关税、耕地占用税、契税、烟叶税等；②非税收入：包含专项收入、行政事业性收费、罚没收入和其他收入。财政收入按现行分税制财政体制划分为中央本级收入和地方本级收入。

一般公共预算支出 指国家财政将筹集起来的资金进行分配使用，以满足经济建设和各项事业的需要。主要包括：一般公共服务、外交、国防、公共安全、教育、科学技术、文化旅游体育与传媒、社会保障和就业、卫生健康、节能环保、城乡社区、农林水、交通运输、资源勘探工业信息等、商业服务业等、金融、援助其他地区、自然资源海洋气象等、住房保障、粮油物资储备、债务付息等方面的支出。财政支出根据政府在经济和社会活动中的不同职能，划分为中央财政支出和地方财政支出。

地方财政的科学技术支出 指地方用于科学技术方面的支出，与政府收支分类科目206相同，包括中央对地方的科技转移支付。

科学技术管理事务 指填在政府收支分类科目20601中各级政府部门科学技术管理事务方面的支出，包括中央对此项目的转移支付。

基础研究 指填在政府收支分类科目20602中从事基础研究和近期无法取得实用价值的应用研究机构的支出、专项科学研究支出，以及重点实验室、重大科学工程的支出，包括中央对此项目的转移支付。

应用研究 指填在政府收支分类科目20603中在基础研究成果上，针对某一特定的实际目的或目标进行的创造性研究工作的支出，包括社会公益研究、高技术研究、专项科研试制等方面的支出，以及中央对此项目的转移支付。

技术研究与开发 指填在政府收支分类科目20604中用于技术研究与开发等方面的支出，包括应用技术研究与开发、产业技术研究与开发和科技成果转化与扩散等方面的支出，还包括电子信息产业发展基金，以及中央对此项目的转移支付。

科技条件与服务 指填在政府收支分类科目20605中用于完善科技条件及从事科技标准、计量和检测，科技数据、种质资源、标本、基因的收集、加工处理和服务，科技文献信息资源的采集、保存、加工和服务等为科技活动提供基础性、通用性服务的支出，包括中央对此项目的转移支付。

社会科学 指填在政府收支分类科目20606中用于社会科学方面的支出，包括中央对此项目的转移支付。

科学技术普及 指填在政府收支分类科目20607中用于科学技术普及方面的支出，包括中央对此项目的转移支付。

科技交流与合作 指填在政府收支分类科目20608中用于科技交流与合作方面的支出，包括中央对此项目的转移支付。

科技重大项目　指填在政府收支分类科目 20609 中用于科技重大项目方面的支出，包括中央对此项目的转移支付。

其他科学技术支出　指填在政府收支分类科目 20699 中除以上各项以外用于科技方面的支出，包括科技奖励支出、补助给转制为企业科研机构的等支出，以及中央对此项目的转移支付。

中央对地方科技专项转移支付　指政府收支分类科目 206 中中央财政对地方的各项科技转移支付。

研究与试验发展（R&D）　指在科学技术领域，为增加知识总量及运用这些知识去创造新的应用而进行的系统的、创造性的活动，包括基础研究、应用研究、试验发展 3 类活动。

R&D 人员　指调查单位内部从事基础研究、应用研究和试验发展 3 类活动的人员。包括直接参加上述 3 类项目活动的人员及这 3 类项目的管理人员和服务人员。为研发活动提供直接服务的人员包括直接为研发活动提供资料文献、材料供应、设备维护等服务的人员。

R&D 人员全时当量　是国际上通用的、用于比较科技人力投入的指标。指 R&D 全时人员（全年从事 R&D 活动累计工作时间占全部工作时间的 90% 及以上人员）工作量与非全时人员按实际工作时间折算的工作量之和。例如，有 2 个 R&D 全时人员（工作时间分别为 0.9 年和 1 年）和 3 个 R&D 非全时人员（工作时间分别为 0.2 年、0.3 年和 0.7 年），则 R&D 人员全时当量 = 1+1+0.2+0.3+0.7=3.2（人年）。

研究人员　指 R&D 人员中具备中级以上职称或博士学历（学位）的人员。

基础研究　指为了获得关于现象和可观察事实的基本原理的新知识（揭示客观事物的本质、运动规律，获得新发展、新学说）而进行的实验性或理论性研究，它不以任何专门或特定的应用或使用为目的。

应用研究　指为获取新知识而进行的创造性研究，主要针对某一特定的目的或目标。应用研究是为了确定基础研究成果可能的用途，或是为达到预定的目标探索应采取的新方法（原理性）或新途径。

试验发展　指利用从基础研究、应用研究和实际经验所获得的现有知识，为产生新的产品、材料和装置，建立新的工艺、系统和服务，以及对已产生和建立的上述各项作实质性的改进而进行的系统性工作。

R&D 经费内部支出　指调查单位在报告年度用于内部开展 R&D 活动的实际支出。包括用于 R&D 项目（课题）活动的直接支出，以及间接用于 R&D 活动的管理费、服务费、与 R&D 有关的基本建设支出以及外协加工费等。不包括生产性活动支出、归还贷款支出及与外单位合作或委托外单位进行 R&D 活动而转拨给对方的经费支出。

日常性支出　指调查单位在报告年度为开展 R&D 活动而发生的人员劳务费，及其各项管理费用和购买非资产性的材料、物资费用等其他日常支出。

资产性支出　指调查单位在报告年度为开展 R&D 活动而进行建造、购置、安装、改建、扩建固定资产，以及进行设备技术改造和大修理等实际支出的费用。

政府资金　指调查单位 R&D 经费内部支出中来自各级政府部门的各类资金，包括财政科学技术拨款、科学基金、教育等部门事业费及政府部门预算外资金的实际支出。

企业资金　指调查单位 R&D 经费内部支出中来自本企业的自有资金和接受其他企业委托而获得的

经费，以及科研院所、高校等事业单位从企业获得的资金的实际支出。

R&D 经费外部支出合计 指报告年度调查单位委托外单位或与外单位合作进行 R&D 活动而拨给对方的经费。

R&D 项目（课题） 指调查单位在当年立项并开展研究工作、以前年份立项仍继续进行研究的研究开发项目或课题，包括当年完成和年内研究工作已告失败的研发项目或课题。

发表科技论文 指在学术刊物上以书面形式发表的科学研究成果。应具备以下 3 个条件：①首次发表的研究成果；②作者的结论和试验能被同行重复并验证；③发表后科技界能引用。

形成国家或行业标准数 指报告年度调查单位在自主研发或拥有自主知识产权基础上形成的国家或行业标准。形成国家或行业标准须经有关部门批准。

新产品 指采用新技术原理、新设计构思研制、生产的全新产品，或在结构、材质、工艺等某一方面比原有产品有明显改进，从而显著提高了产品性能或扩大了使用功能的产品。

主营业务收入 指会计"利润表"中对应指标的本年累计数。未执行 2001 年《企业会计制度》的企业，用"产品销售收入"的本期累计数代替。

利润总额 指企业生产经营活动的最终成果，是企业在一定时期内实现的盈亏相抵后的利润总额（亏损以"-"号表示），它等于营业利润加上补贴收入加上投资收益加上营业外净收入再加上以前年度损益调整。

创新 指本企业推出了新的或有重大改进的产品或工艺，或采用了新的组织管理方式或营销方法。此处的"新"是指它们对本企业而言必须是新的，但对于其他企业或整个市场而言不要求一定是新的。

产品创新 指企业推出了全新的或有重大改进的产品。产品创新的"新"要体现在产品的功能或特性上，包括技术规范、材料、组件、用户友好性等方面的重大改进；不包括产品仅有外观变化或其他微小改变的情况，也不包括直接转销。

工艺创新 指企业采用了全新的或有重大改进的生产方法、工艺设备或辅助性活动，其中辅助性活动是指企业的采购、物流、财务、信息化等活动。工艺创新的"新"要体现在技术、设备、软件或流程上，不包括单纯的组织管理方式的变化。

技术创新 产品创新和工艺创新统称为技术创新。

组织创新 指企业采取了此前从未使用过的全新的组织管理方式，主要涉及企业的经营模式、组织结构或外部关系等方面；不包括单纯的合并或收购。应是企业管理层战略决策的结果。

营销创新 指企业采用了此前从未使用过的全新的营销概念或营销策略，主要涉及产品设计或包装、产品推广、产品销售渠道、产品定价等方面；不包括季节性、周期性变化和其他常规的营销方式变化。

创新活动 指为实现创新而进行的科学、技术、组织、商业等各种活动的总称。具体包括开展了产品或工艺创新活动，或实现了组织或营销创新。

正在进行的产品或工艺创新活动 指正在进行、尚未完成预定目标任务的产品或工艺创新活动。

中止的产品或工艺创新活动 指由于各种原因中断、延期、放弃或失败的产品或工艺创新活动。

新颖度类别 指产品或工艺的新颖程度，按照从低到高依次分为无创新、本企业新、国内市场新、国际市场新。其中无创新是指未推出新的产品或工艺，或原有的产品或工艺未发生重大改进；本企业新是指产品或工艺对于本企业而言是全新的或有重大改进的，但对于其他企业或整个市场而言并不是全新的或有重大改进的；国内市场新是指产品或工艺对于国内市场而言是全新的或有重大改进的，但对于国际市场而言并不是全新的或有重大改进的；国际市场新是指产品或工艺在世界范围内是全新的或有重大改进的。

外部研发　指企业委托其他单位或与其他单位合作开展的研发活动。

创新合作　指企业与其他企业或机构共同开展产品或工艺创新活动。创新合作要求企业必须是积极主动参与的，不包括纯外包项目，双方不一定要取得商业利益。

先发优势　指企业由于率先开发出某种产品或工艺创新，或率先进入某一个领域，从而获得领先其他企业的市场竞争优势。

专利　是专利权的简称，是指发明人的发明创造经审查合格后，由专利局依据专利法授予发明人和设计人对该项发明创造享有的专有权。包括发明专利、实用新型专利和外观设计专利。反映拥有自主知识产权的科技和设计成果情况。

发明专利　指对产品、方法或者其改进所提出的新的技术方案。是国际通行的反映拥有自主知识产权技术的核心指标。

有效发明专利数　指调查单位作为专利权人在报告年度拥有的、经国内外知识产权行政部门授权且在有效期内的发明专利件数。

期末有效发明专利数　指报告期末企业作为第一专利权人拥有的、经境内外知识产权行政部门授权且在有效期内的发明专利件数。这里不包括实用新型专利和外观设计专利。

实用新型专利　指对产品的形状、构造或者其结合所提出的适于实用的新的技术方案。

外观设计专利　指对产品的形状、图案或者其结合以及色彩与形状、图案的结合所做出的富有美感并适于工业应用的新设计。

专利所有权转让及许可数　指报告年度调查单位向外单位转让专利所有权或允许专利技术由被许可单位使用的件数。

专利所有权转让与许可收入　指报告年度调查单位向外单位转让专利所有权或允许专利技术由被许可单位使用而得到的收入。包括当年从被转让方或被许可方得到的一次性付款和分期付款收入，以及利润分成、股息收入等。

科技活动经费内部支出　指报告年内用于科技活动的实际支出，包括劳务费、科研业务费、科研管理费，非基建投资构建的固定资产、科研基建支出及其他用于科技活动的支出。不包括生产性活动支出、归还贷款支出及转拨外单位支出。反映科技投入实际完成情况。

工业总产值　指工业企业在报告期内生产的以货币形式表现的工业最终产品和提供工业劳务活动的总价值量。包括本期生产成品价值、对外加工费收入、自制半成品在制品期末期初差额价值。

营业收入　指企业经营主要业务和其他业务所确认的收入总额。营业收入合计包括"主营业务收入"和"其他业务收入"。

技术收入　指企业全年用于技术转让、技术承包、技术咨询与服务、技术入股、中试产品收入及接受外单位委托的科研收入等。

产品销售收入　指企业全年销售全部产成品、自制半成品和提供劳务等所取得的收入。

商品销售收入　指企业销售以出售为目的而购入的非本企业生产产品的销售收入。

年末从业人员　指在报告期末，在企业中从事劳动并取得劳动报酬或经营收入的全部劳动力。

年末资产　指企业在报告年末拥有或控制的能以货币计量的经济资源，包括各种财产、债权和其他权利。资产按其流动性（资产的变现能力和支付能力）划分为流动资产、长期投资、固定资产、无形资产、递延资产和其他资产。

年末负债　按会计报表的流动负债与长期负债之和填写。

科普专职人员　指在统计年度中，从事科普工作时间占其全部工作时间60%及以上的人员。包括各级国家机关和社会团体的科普管理工作者，科研院所和大中专院校中从事专业科普研究和创作的人员，专职科普作家，中小学专职科技辅导员，各类科普场馆的相关工作人员，科普类图书、期刊、报刊科技（普）专栏版的编辑，电台、电视台科普频道、栏目的编导，科普网站信息加工人员等。

科普兼职人员　指在非职业范围内从事科普工作，仅在某些科普活动中从事宣传、辅导、演讲等工作的人员以及工作时间不能满足科普专职人员要求的从事科普工作的人员。包括进行科普讲座等科普活动的科技人员、中小学兼职科技辅导员、参与科普活动的志愿者、科技馆（站）的志愿者等。

注册科普志愿者　指按照一定程序在共青团、科协等组织或科普志愿者注册机构注册登记，自愿参加科普服务活动的志愿者。

科技馆　以科技馆、科学中心、科学宫等命名的以展示教育为主，传播、普及科学的科普场馆。

科学技术博物馆　包括科技类博物馆、天文馆、水族馆、标本馆及设有自然科学部等的综合博物馆等。

年度科普经费筹集额　指本单位内可专门用于科普工作管理、研究及开展科普活动等科普事业的各项收入之和。

年度科普经费使用额　指本单位内实际用于科普管理、研究及开展科普活动的全部支出。

科技活动周经费筹集额　指本年度科技活动周期间，本单位筹集的准备用于科技活动周的经费总额。

科普场馆基建支出　指本年度内实际用于科普场馆的基本建设资金。包括实际用于科普场馆的土建费（场馆修缮和新场馆建设）及添加科普展品和设施所产生的费用两部分。

科普图书　指以非专业人员为阅读对象，以普及科学知识、倡导科学方法、传播科学思想、弘扬科学精神为目的，在新闻出版机构登记、有正式书号的科技类图书。

科普期刊　指面向社会发行并在新闻出版机构登记、有正式刊号或有内部准印证的科普性刊物。

科普（技）音像制品　指以普及科学知识、倡导科学方法、传播科学思想、弘扬科学精神为目的，正式出版的音像制品。

科普（技）讲座　指各种面向社会的以普及科学知识、倡导科学方法、传播科学思想、弘扬科学精神为主要内容的科技讲座。由讲座的第一组织单位填写。如由几个单位联合举办，组织单位名单中排名第一的为第一组织者，其他几个组织单位不再统计本次活动，下同。

科普（技）展览 指围绕某个主题所进行的具有科普性质的展教活动，包括常设展览、临时展览和巡回展览；参观人次只统计参观专题展览的人次，而不是场馆的年度总参观人次。

科普（技）竞赛 指国家机关、社会团体及其他组织作为第一组织者开展的科技知识普及性竞赛。该项由竞赛的第一组织单位填写。

科普国际交流 指填表单位与其他国家及境外地区进行的有关科普接待和外派参加会议、访问、展览、培训等交流活动。

重大科普活动 指参加活动的人次在1000人次以上的科普活动。该项由活动的第一组织单位填写。

众创空间 指顺应新科技革命和产业变革新趋势、有效满足网络时代大众创新创业需求的新型创业服务平台。